尾瀬
奇跡の大自然

大山昌克

世界文化社

尾瀬の思い出

田部井淳子（登山家）

私がはじめて尾瀬を訪れたのは1959（昭和34）年の夏。三平峠から尾瀬沼に下り、緑の森に囲まれた沼の水がキラキラ光っている光景を見て本当に驚いた。

こんな高い所に沼がある、という不思議さと、街の喧騒から隔絶された静寂さに震えるような感動を覚えたからだ。

尾瀬沼には船があって沼尻まで渡り尾瀬ヶ原を歩いた。小さな浮島がたくさんあり、それを囲んで女三人で写真を撮った時のあのシャッターの乾いた音まで今も覚えている。

広い静かな尾瀬ヶ原には人影もなく、地球上に自分たちだけが残されたような感覚だった。モーツァルトやショパンはこんな風景を見た時どんな曲を作るのだろうかとしきりに思った。女子大生だった私の大事な、大事な思い出の場所となったこの尾瀬に、その後毎年のように来られるようになるとは思ってもみなかった。

社会人山岳会に入り、季節ごとの尾瀬通いも、ヒマラヤ通いが始まった30代から40代にはパタッと途絶えてしまったが、この時がまさに尾瀬は最盛の時期ではなかっただろ

至仏山と尾瀬ヶ原。撮影／山梨勝弘

うか。多くの人たちの人気No.1の場となっていた。

それがゴミ持ち帰り運動発祥の地となり、山岳環境保護団体を設立した私たち日本ヒマラヤン・アドベンチャー・トラスト（略ＨＡＴ－Ｊ）の青少年環境保護体験登山の開催地として選ばれることになった。１９９７（平成９）年、人類ではじめてエベレストに登ったエドモンド・ヒラリー氏をお招きし、アジア６ヶ国の高校生60名とともにこの尾瀬を歩いて、講演をしていただいたこともなつかしい思い出である。当時70歳を優にすぎたヒラリー氏は「ゆっくりなら歩ける」と三平峠から登って来られた。２本並べられた木道を「自分には少し狭いかも」と言って笑っていた。ヒラリー氏は当時、体重１０５kgの巨漢であった。「日本には何度も来たことがあるがいつも都会ばかりだった。日本にこんなに美しい山があり湿地帯があることをはじめて知った。来られて良かった」と何度も言っていたことを思い出す。彼はオゼと発音出来ず「オジェ」と言っていたこともなつかしい。

今、私は尾瀬保護財団の理事の任を仰せつかり毎年尾瀬を訪れている。私の青春時代から半世紀以上にわたる長い山の歴史がこの尾瀬には詰まっている。

（２０１４年記）

御池
1500
尾瀬御池ロッジ
スモウトリ田代
七入
七入山荘
モーカケノ滝
蛇滝
赤法華
上田代
渋沢大滝
天神田代
燧裏林道
御池新道
福島県
檜枝岐村
燧ヶ岳
柴安嵓
2356
俎嵓
2346
御池岳
2260
赤ナグレ岳
2249
ミノブチ岳
2221
見晴新道
抱返ノ滝
尾瀬沼山峠
ナデッ窪
長英新道
オンダシ沢
イヨドマリ沢
沼山峠展望台
大江山
1882
段小屋坂
沼尻川
白砂湿原
沼尻
オンダシ湿原
白砂峠
大江湿原
八木沢道
小沼
小沼湿原
浅湖湿原
曲り田代
長蔵小屋
尾瀬沼ビジターセンター
1660
治右衛門池
尾瀬沼
尾瀬沼ヒュッテ
尾瀬沼キャンプ場
小淵沢田代
八木沢
大清水平
三平下
尾瀬沼山荘
檜高山
1932
皿伏山
1917
三平峠
早稲ヶ沢
袴腰山
2042
岩清水
小淵沢
一ノ瀬
群馬県
片品村
沼田街道
白尾山
2003
中岐沢
荷鞍山
2024
大清水湿原
大清水
1190
片品川
0
2000m

尾瀬周辺図
新潟県
南魚沼市
魚沼市
会津駒ヶ岳
檜枝岐村
南会津町
福島県
平ヶ岳
拡大図エリア
景鶴山
燧ヶ岳
沼山峠
帝釈山
田代山
奥利根湖
みなかみ町
尾瀬沼
尾瀬国立公園
至仏山
鳩待峠
大清水
黒岩山
鬼怒沼山
川俣湖
ならまた湖
栃木県
日光市
片品村
丸沼
菅沼
群馬県
武尊山
白根山
0
5km
新潟県
魚沼市
三条ノ滝
平滑ノ滝
元湯山荘
温泉小屋
赤田代
原の小屋
第二長蔵小屋
尾瀬小屋
東電小屋
見晴
1410
ヨッピ吊り橋
ヨシッ堀田代
桧枝岐小屋
燧小屋
弥四郎小屋
六兵衛堀
カッパ山
1822
(背中アブリ山)
八海山
1811
尾瀬ヶ原
中田代
下田代
1400
竜宮
龍宮小屋
猫又川
牛首分岐
牛首
山の鼻小屋
山ノ鼻
1409
上田代
山ノ鼻植物研究見本園
尾瀬ロッジ
山ノ鼻キャンプ場
至仏山荘
尾瀬山の鼻
ビジターセンター
群馬県
みなかみ町
長沢新道
高天ヶ原
至仏山
2228
川上川
富士見峠
1883
アヤメ平
中ノ原
横田代
中原山
1969
小至仏山
2162
鳩待峠
1591
鳩待山荘
鳩待峠～富士見峠
オヤマ沢田代
悪沢岳
2043
笠ヶ岳
2058
大行山
1772
笠科川
富士見下

尾瀬 奇跡の大自然

目次

秋のアヤメ平山頂部と燧ヶ岳。

※クレジットのない写真は著者、編集部他の撮影によるものです。

尾瀬ヶ原に突き出た牛首の稜線。

尾瀬への誘い

大山昌克

尾瀬は1万年前の原始のたたずまいを残す国民の貴重な自然資産であり、生きものや景観の多様性など、自然が造り上げた大自然の博物館と言えます。生きものの多様性を損なうことのないよう、特に人が与える負の影響を限りなく小さくしつつ、まずはゆっくりと尾瀬の魅力を堪能してください。

2015年国連サミットで日本を含む国連加盟諸国が、全会一致で採択した目標「SDGs」(Sustainable Development Goals)は、世界の潮流となっています。いまや小学生も学習するこの「SDGs」には、目指す17のゴール(国際目標)、169のターゲット(達成基準)、232の指標が設けられています。SDGsのゴール(国際目標)No.15に、「陸の豊かさも守ろう」があり、そこには「絶滅危惧種の保護と絶滅防止のための対策を講じる」、「外来種対策を導入し、生態系への影響を減らす」や「生物多様性を含む山地生態系

を保全する」などターゲットが記載され、国として生物多様性保持や絶滅危惧種保護の施策の執行を求められています。尾瀬の自然を理解し守ることは、まさにSDGs活動そのものに通じます。尾瀬という「自然博物館」での学習は一つの生きた教材になると思います。

この書籍は拙著『尾瀬の博物誌』（2014年）の文庫サイズ改訂版です。第2章の文章や、やや古くなったデータは大幅に加筆、書き換えました。将来世代の人々に、尾瀬はそのままの姿で残すべき貴重な自然資産であり学研の場と思い、執筆したものです。

文庫サイズ改訂版化に伴い、尾瀬の植生や鳥類、昆虫などに深い造詣をお持ちの杉原勇逸氏（奥利根自然センター副代表理事）に貴重なご助言をいただきました。改めて御礼申し上げます。

拙著『尾瀬の博物誌』の監修は田部井淳子氏にお願いしましたが、2016年秋、残念ながらご逝去されました。改めて哀悼の意を表します。

秋の大江湿原・三本カラマツとハイカーたち。

ミズバショウ。

第1部

尾瀬の自然と生物多様性

モルゲンロードに染まる燧ヶ岳と朝霧立つ尾瀬沼。

至仏山

しぶつさん
標高2228m

至仏山は、群馬県みなかみ町と片品村の境界にまたがり、越後山脈に属する山です。尾瀬でもっとも古い山で、日本百名山の一つに数えられています。

今から約2億3000万年前に地球内部でマントルと水が反応して蛇紋岩《じゃもんがん》と呼ばれる岩石ができます。そして約1億年前、海底隆起によりこの特殊な岩石が山の形に成長しました。その証拠として、至仏山では海底古生物のウミユリという、ウニやヒトデの仲間の化石が発見されています。

蛇紋岩は文字通り、表面が

尾瀬ヶ原、下ノ大堀川付近のミズバショウ群落と至仏山。

蛇の皮の紋様に見える岩です。マグネシウムとケイ酸を多く含み、マグネシウムが植物の水分吸収を妨げると言われます。そのため、蛇紋岩に適応した植物しか生育できません。周辺山地から進入後に変形した蛇紋岩変形植物と、氷河期が終わっても生き残った蛇紋岩残存植物がそれです。前者はホソバヒナウスユキソウ、ジョウシュウアズマギクなど。後者はオゼソウ、キンロバイ、タカネシオガマなどです。

また、至仏山は他の山に比べ森林限界が極端に低く、標高1700m付近までしか木が生えていません。

燧ヶ岳《ひうちがたけ》

標高2356m

至仏山とともに尾瀬を代表する山であり、日本百名山の一つです。福島県檜枝岐《ひのえまた》村に位置し、標高は2356m。東北地方の最高峰です。最高峰（西峰）の柴安嵓《しばやすくら》、三角点の置かれた俎嵓《まないたぐら》（2346m）、ミノブチ岳（2221m）、赤ナグレ岳（2249m）、御池《みいけ》岳（2260m）の五峰あわせて燧ヶ岳と呼びます。

燧ヶ岳は約35万年前に噴火を始めました。その後、噴火は何度も起こり、約5万年前、溶岩や火山灰を大量に噴き出し、成層火山に成長します。そして約8000年前の噴火で安山岩質の溶岩が沼尻《ぬしり》川を上流で堰《せ》き止《と》め、今の尾瀬沼を造り出したと考えられています。尾瀬沼に源を発する沼尻川は尾

燧ヶ岳と尾瀬沼空撮。沼尻とナデッ窪のあたりがよく見える。撮影／豊高隆三

瀬ヶ原に流れ込み、湿原を形成しています。その水流の流れ着く先は日本海です。

燧ヶ岳の噴火は、河床を安山岩質の溶岩で埋め、そこに川が浸食したため、なだらかな平滑《ひらなめ》ノ滝を造り出しました。また御池七入《なないり》近くにあるブナ平は、奥会津森林生態保護地域の一部であり、ブナの原生林の保護地域としては日本一の広さです。このブナ平も燧ヶ岳の火砕流堆積物が土台となっています。

山名の由来は一般的には、檜枝岐村の会津駒ヶ岳側から望むと「火打ちばさみ」の雪形が見られるためと言われていますが、アイヌ語が由来との説もあります。アイヌ語のピウチは、火を起こすことを言い、火打ち石をピウチスマと言うそうです。ピウチが転じてヒウチとなったのかもしれません。

景鶴山

けいづるさん
標高2004m

山頂部分が堅い岩で覆われた景鶴山。

景鶴山は、尾瀬ヶ原の北に位置する山です。群馬県片品村と新潟県魚沼市の境界にあり、山の南面が尾瀬国立公園(2007年設立)に属しています。

尾瀬周辺では、約200万年前に火山活動が始まりました。尾瀬を囲む山で最初に噴火したのが景鶴山で、最初は流出した溶岩の安山岩によりできた楯状火山でしたが、長い間の浸食により山頂部の堅い部分だけが残りました。この時の溶岩は現在でもアヤメ平の北面山腹を半分ほどまで覆っています。つまり景鶴山から噴出した溶岩はかつて尾瀬ヶ原一帯を埋めていたのです。ちなみに龍宮小屋近くの湿原内にある皮《かわ》篭《ご》岩《いわ》は、景鶴山より噴出した溶岩であることが確認されています。

日本三百名山の一つですが、植生保護のため、登山は禁止となっています。

アヤメ平

あやめだいら

アヤメ平とは群馬県片品村にある火山の山頂部のことです。高層湿原と池《ち》塘《とう》が発達しており、尾瀬国立公園の要所の一つとなっています。名前は、明治末期の土地所有者である栃木県の横田千之助が、湿原のキンコウカの葉をアヤメの葉と見誤ったところから付いたと言われ、古くは田代原と呼ばれていました。

約200万年前から活発になった火山活動により、アヤメ平、皿伏山《さらぶせ》などが次々に噴火。しかし、この時期に噴出した溶岩は粘り気の弱いものだったので、山容のなだらかな楯状火山となりました。そのため山頂部分は、山というよりはあたかも高原のようです。とはいえ山頂からの眺望は素晴らしく、燧ヶ岳、至仏山をはじめ360度、尾瀬の大パノラマを堪能できます。

アヤメ平は池塘がちりばめられた天空の楽園。

田代山

たしろやま

標高1971m

田代山山頂は一枚の岩盤に雨水がたまってできた湿原だ。

福島県南会津郡南会津町の南端、栃木県日光市の市境近くに位置する田代山は、会津駒ヶ岳や帝釈山とともに尾瀬国立公園に編入されました。山頂は高層湿原である「天上の楽園」・田代山湿原を有し中央分水嶺に属します。山頂部は特別保護地区に指定され、山の土地の所有は大半が林野庁、一部民有地となっています。

なだらかな頂上部に広がる約25haの高層湿原と、やや下った位置にある小規模な小田代湿原をあわせて「田代山湿原」と呼んでいます。

湿原の池塘は弘法沼一つのみで、ほとんどが草原となり湿原全体に木道が整備されています。田代山避難小屋（弘法大師堂）から、更に栃木県境の稜線を歩く登山道があり、帝釈山まで約1時間の距離です。

帝釈山《たいしゃくさん》

標高2060m

福島県南会津郡南会津町、檜枝岐村、栃木県日光市の境界にある山です。日本二百名山の一つに数えられています。

日本の中央分水嶺に属する帝釈山脈の中央に位置します。かつては奥深い山で幻の名山と言われていましたが、現在では檜枝岐村から馬坂峠登山口までの林道が開設され、登山口から約1時間で山頂に達します。

帝釈山はオサバグサの大群落地です。オサバグサは一属一種の日本固有種で、亜高山帯樹林内の湿り気のある地を好み、葉はシダの仲間と見間違えるほど似ています。

キタゴヨウが生える帝釈山山頂。
オサバグサの群落もある。

代表的な植物群落として、ヒメシャクナゲ、チングルマ、イワカガミ、ワタスゲ、キンコウカ、コバイケイソウ、オノエランなどが咲き乱れる花園です。

会津駒ヶ岳

あいづこまがたけ
標高2133m

右ページ上／駒ノ大池越しに会津駒ヶ岳山頂を望む。撮影／渡辺昌宏
下／山頂の標識。撮影／渡辺昌宏（すべて2007年8月）

会津駒ヶ岳は福島県檜枝岐村にあり、越後山脈に属する日本百名山の一つです。

会津駒（あいづこま）の略称で親しまれ、高山植物が咲き乱れる山です。頂上とその稜線一帯には湿原が広がり、池塘が点在しています。山頂から北北西の中門岳方面に続く稜線には高山植物が特に多く見られます。また春季には山スキーの人気スポットとなります。2007（平成19）年、帝釈山、田代山とともに、尾瀬国立公園に編入されました。山名の由来は、残雪期に現れる雪形が、駒（馬）の形に似るところから付けられたという説ほか、諸説あります。

登山者が少ないため、尾瀬の中核地よりも原生の尾瀬の状態を保ち続けている山と言えます。花の名山とも呼ばれ、田中澄江氏の随筆集では「新・花の百名山」にも選定されており、花期には天上のお花畑が現出します。

季節ごとにワタスゲ、ショウジョウバカマ、アズマシャクナゲ、タテヤマリンドウ、シナノキンバイ、イワカガミ、イワイチョウ、ハクサンシャクナゲ、チングルマ、ハクサンコザクラ、ニッコウキスゲ、コバイケイソウ、キンコウカ、イワショウブ、ミヤマキンポウゲなどの花が見られます。

一般的な登山コースをたどれば4時間余りで駒の小屋に達し、そこから山頂が望めます。キリンテ～大津岐《おおつまた》峠の登山道は檜枝岐の古くからの林道であり、荷物を背負って歩くことを想定して造られています。そのため、道幅、道の傾斜も平均化された登山道です。この登山道に沿うようにツバメオモトが点在し、可憐な花を咲かせます。

川の流れのように見える
平滑ノ滝。

水の豊かな尾瀬には、平滑ノ滝、三《さん》条《じょう》ノ滝、モーカケの滝、渋沢大滝など多くの滝があります。

尾瀬沼から発した沼尻川の水流は尾瀬ヶ原に入ります。また尾瀬ヶ原には周囲の山々より多くの流れも集まり、それがヨッピ川となり、二つの川が中田代で合流して只見川《ただみがわ》と名前を変え下流へと向かいます。この只見川上流にある滝の代表格が、平滑ノ滝と三条ノ滝です。

平滑ノ滝　ひらなめのたき

檜枝岐村に位置する平滑ノ滝は、燧ヶ岳の噴火により安山岩質の溶岩が河床を埋め、そこを川が浸食してできた滝です。展望台から見ると、一枚岩の上を水流が滑るように約５００ｍ流れており、滝には見えません。全体で

三条ノ滝は落差も大きく水量も豊富。
迫力ある名瀑だ。

落差70ｍの滝ではありますが、まるで穏やかに流れる川のようです。

三条ノ滝　さんじょうのたき

三条ノ滝の落差は約90ｍ、日本最大級の水量は豪快そのものです。ほぼ垂直に落下し、その轟音、水しぶきは迫力満点です。雪解け水を集めた瀑布には、恐怖感すら覚えるほどですが、安全な展望台からその雄姿を十分堪能できます。

安山岩の平滑ノ滝と違い、長い年月が浸食しやすい花崗岩を削ってできたため、落差の大きい滝となったそうです。

尾瀬を代表するこの二つの滝は、距離1.2㎞、徒歩30分程度と比較的近くに位置し、全く違う景観を容易に楽しむことができます。

尾瀬ヶ原《おぜがはら》

尾瀬ヶ原は標高１４００ｍに位置し、南北２㎞、東西６㎞におよぶ本州最大の湿原です。広さは約６５０ha、尾瀬の核心部分であり尾瀬沼とともに特別保護地区となっています。ミズバショウやヒメシャクナゲなど数多くの植物が花を咲かせ、ハイカーの目を楽しませてくれます。

尾瀬ヶ原はかなりの部分が高層湿原であり、植生の中心はミズゴケです。高層湿原は寒冷な気候のため、植物の遺体がなかなか分解しないまま積み上がり、長い年月をかけて造られたものです。また流入する水分が降水、地下水であるため常に養分の少ない「貧栄養」の状態です。厚さ数㎝のミズゴケの下には、植物の枯死体がぎっしりと

至仏山より尾瀬ヶ原の広がりを見下ろす。
正面には燧ヶ岳。撮影／深澤 武

詰まった泥炭が層状に約５ｍ堆積しています。この泥炭層のボーリング調査による花粉分析では、過去の植物や樹種が特定でき、放射性炭素年代調査分析では泥炭の堆積速度が計算できます。調査の結果、堆積速度は年間0.8～1㎜とみられ、今の尾瀬ヶ原は８０００年前から泥炭の堆積が始まったと考えられています。

尾瀬ヶ原は盆地状で、アヤメ平、皿伏山、大江山など周囲の山々の噴火のたびに埋まり、浸食によってそれが削られることを繰り返しました。現在の尾瀬ヶ原は河川の氾濫や日本海型気候の多雪により多湿化され、形成されたものです。アヤメ平の山頂部の湿原もほぼ同時期にでき始めました。

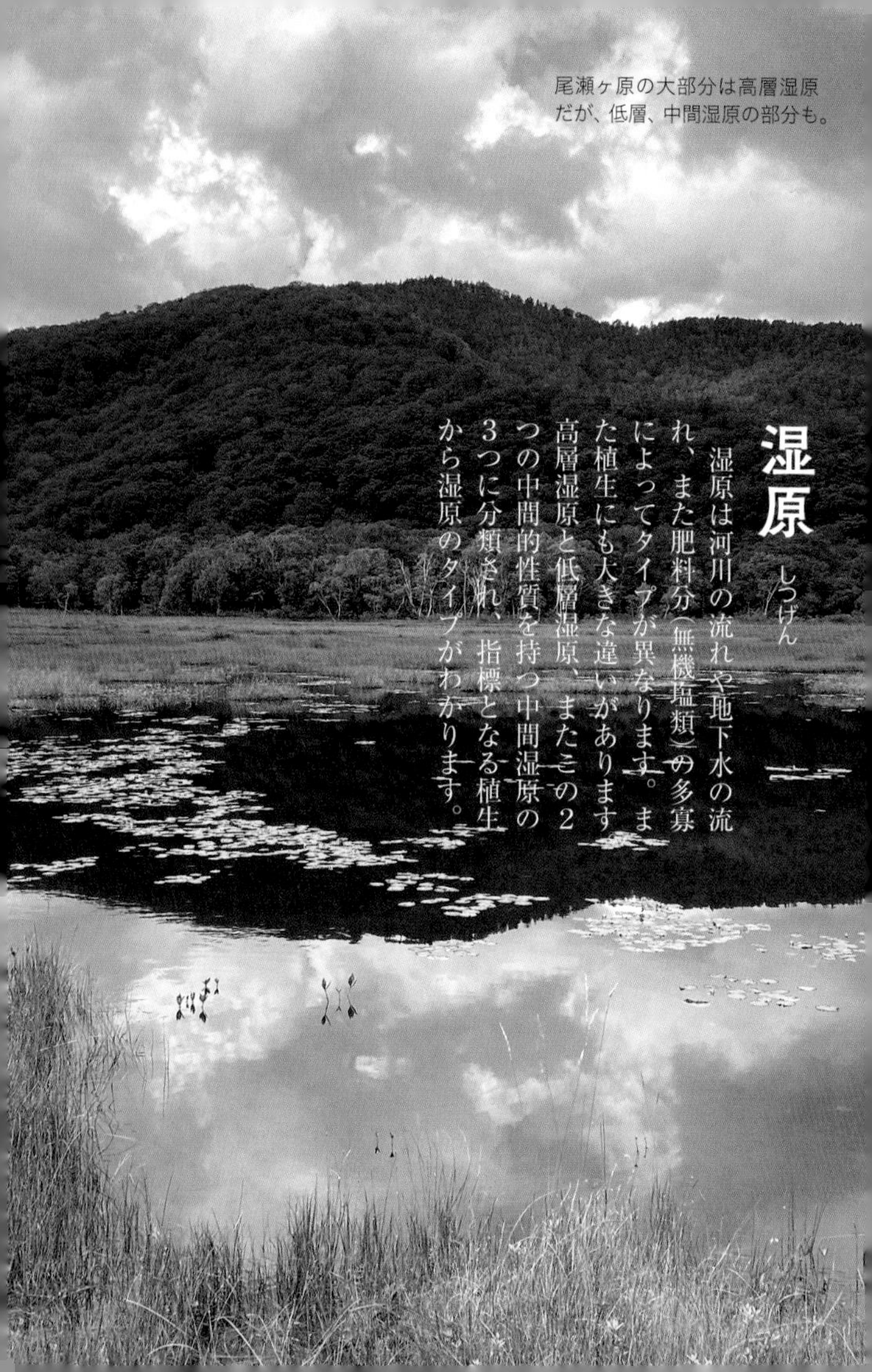

尾瀬ヶ原の大部分は高層湿原だが、低層、中間湿原の部分も。

湿原《しつげん》

湿原は河川の流れや地下水の流れ、また肥料分（無機塩類）の多寡によってタイプが異なります。また植生にも大きな違いがあります高層湿原と低層湿原、またこの2つの中間的性質を持つ中間湿原の3つに分類され、指標となる植生から湿原のタイプがわかります。

低層湿原：流入水に栄養塩類が溶け込んでいて、有機物の分解速度は比較的速いです。尾瀬の低層湿原は地下水や河川の供給を受け富栄養状態です。指標植物として、ヨシなど背の高いものから、ミズバショウ、リュウキンカなどが育っています。

高層湿原：主として雨水、降雪により水分、栄養分が供給される湿原を高層湿原と呼びます。湿原の表面が地下水面より盛り上がり、流入水の影響を受けにくいので、堆積されたものが重なり、ドーム状地形が形成されます。

「高層」は土地の高低とは関係なく、泥炭層がうず高く発達するためこう呼ばれます。湿原の水はミズゴケから出る酸により酸性となります。高層湿原は、冷涼な気候で発達し、低温が有機物の分解を遅らせて泥炭の蓄積を促進します。したがって温暖な地方や乾燥した地域では、高層湿原は発達できません。水分条件は極めて貧栄養の状態です。指標となる植物はツルコケモモ、モウセンゴケやヒメシャクナゲなどです。尾瀬ヶ原の多くの部分と、尾瀬沼の大江湿原などは高層湿原です。

ニッコウキスゲが咲き乱れる夏の尾瀬ヶ原・中田代。

中間湿原：低層と高層の中間の状態であり、水分条件としては高層湿原よりも栄養塩は豊富で、水質的にもやや富栄養であるため、高層湿原よりも草丈の高い植物が生育します。指標植物の代表はワタスゲ、ヤチヤナギなどです。

雪解けの数日間だけ現れる
アカシボ。尾瀬ヶ原にて。

アカシボ

赤渋

白い雪が赤茶色に変化する不思議な現象で、雪解けのメッセージのように5月の数日間だけ発生します。2012(平成24)年より、発生の謎(メカニズム)がようやく解明されてきました。謎めいたアカシボは、尾瀬ヶ原、尾瀬沼の湖岸で見ることができます。

アカシボを採取し特殊な顕微鏡で調べると赤色部分は酸化鉄でした。アカシボの遺伝子解析の結果、数十種類のバクテリアであるジオバクターが存在、この微生物は呼吸に酸素ではなく鉄を取り込むこと、またミジンコやガガンボの幼虫は、これを餌としていることなども確認されました。ジオバクターの体長は2マイクロメートル(1マイクロメートルは1㎜の1000分の1)です。

ミズゴケ 水苔

高層湿原には、ミズゴケの層が厚さ数cmにわたりクッションのように生えています。ミズゴケは夏の炎天下でも十分に水分を蓄えて乾燥に耐えられるよう、茎の部分に特殊な細胞を持っています。

ミズゴケの仲間は世界で約150種、日本で40種、尾瀬では21種が確認されています。

尾瀬の水は貧栄養であり、酸性の水質ですが、酸性に強いミズゴケは、他の植生侵入を防ぐために、自らも体内からミズゴケ酸という酸性物質を出してバリアーを形成します。枯れたミズゴケは順次堆積され、「泥炭層」となり、これが年月をかけて積み上がるため、高層湿原をミズゴケ湿原とも言います。

高層湿原を象徴する植物・ミズゴケ。

尾瀬沼

おぜぬま

かつては、水辺のオオフトイを刈って乾かし、冬に織る「ガマゴザ」の材料として使った。

尾瀬沼は沼尻川の水源であり、沼尻川は尾瀬ヶ原を経由して只見川、阿賀野川に流れ込みます。標高1660mにあり、面積約180ha。北に燧ヶ岳、南に三平峠、西側には尾瀬ヶ原があります。群馬県片品村と、福島県檜枝岐村にまたがり、湖沼の中央に県境がある尾瀬国立公園の中核スポットです。

約8000年前の燧ヶ岳の噴火により流れた安山岩質溶岩や大規模な山崩れが沼尻川を上流で堰き止めて、今の尾瀬沼を造り出しました。

周囲は約9km、最大深は約9m。岸辺には水生植物が豊富で、魚類もイワナ、ギンブ

朝霧が漂う尾瀬沼と燧ヶ岳。撮影／鈴木一雄

ナ、ハヤなどがいます。これらはゴザの材料や食料など、人々の生活用品として有効利用されてきました。冬季は厚い氷と雪に覆われ、その上を歩いて渡ることも可能となります。

1889(明治22)年、平野長蔵氏が燧ヶ岳を開山し、翌年、尾瀬沼湖畔に行人小屋を建てます。そして1910(明治43)年、沼尻に尾瀬初の山小屋を開きました。これが長蔵小屋です。氏は尾瀬がダムの底に沈む電源開発計画と戦い、尾瀬沼保護のため、一帯を風致保護林に編入するべく尽力しました。尾瀬とともに生きた生涯でした。

池溏《ちとう》

秋の尾瀬ヶ原池溏。池溏は深さにより、そこに棲む生きものが異なる。

湿原にある溜まり水や池のことを言います。尾瀬の父と慕われる植物学者の武田久吉氏（1883〜1972年）が池溏の名付け親とされています。学術的に貴重な尾瀬の価値を世に紹介し、また日本山岳会の発起人でもあり近代登山の先達として大きな貢献をされた博士の著書『尾瀬と鬼怒沼』に沿って本書では「池溏」と表記します。

尾瀬ヶ原にはおよそ1600近くの池溏が点在し、多くの水生植物や水生昆虫、両生類などが生息しています。

池溏の形成には二つのタイプがあると言われます。

一つは大きな川が氾濫し、時々流路を変えることにより造られ、川の蛇行に沿うように、流路の名残りとしてできるタイプです。比較的大型であり三日月湖のように造られます。

尾瀬ヶ原池塘のヒツジグサ。

もう一つのタイプはやや傾斜のある、泥炭地にできるものです。傾斜地の下方部分で植物がよく育ち、その部分でより泥炭が早く積み上げられて成長するため、内側に池塘が形成されます。このタイプは大型のものは少なく直径数m程度です。

湿原の解説書にはよくケルミ（Kermi＝フィンランド語）、シュレンケ（Schlenke＝ドイツ語）という言葉が出てきます。日本の棚田の景観にたとえれば、あぜ道にあたるのがケルミであり、田んぼ（田代）にあたる、へこんだ所がシュレンケです。尾瀬ではそれらが波を打っているかのように見られます。また二つが組み合わさって湿原を形成しているため「ケルミ-シュレンケ複合体」とも呼ばれています。

拠水林《きょすいりん》

尾瀬ヶ原のところどころに帯状に連なる林が見られます。これは必ず川沿いにあり、拠水林と呼ばれます。山から運ばれてきた栄養分に富んだ土砂が堆積した部分に樹木が生えているのです。大雨などで川が氾濫を繰り返し、次第に土砂が分厚く積み重なると、樹高の高い木の根でも、しっかりと支えられるようになります。こうして川の両岸に林ができたものです。

中田代と下田代の境となる、沼尻川の拠水林が代表的なもので、ハルニレ、オノエヤナギといった木々が生育しています。川上川、六兵衛堀なども拠水林で、ダケカンバ、サワグルミ、オニシモツケ、ギョウジャニンニクなどの樹木や草花を見ることができます。拠水林は、多くの昆虫や鳥たちの絶好の棲みかとなっています。

一方尾瀬ヶ原では、拠水林を持たない川も見ることができます。この川は山や湿原内の湧水を水源とするため、樹木を支えるのに十分な量の土砂が運び込まれません。このため拠水林が発達しないのです。上ノ大堀川、下ノ大堀川などがその代表例です。

小さな流れ沿いに走る拠水林。

秋の尾瀬ヶ原下田代付近。川に沿って拠水林が発達している。燧ヶ岳より。

春の沼山峠展望台より針葉樹林越しに尾瀬沼を望む。森の向こうはまだ雪景色だ。

冬の燧ヶ岳。登山には不適な季節だ。

気候変動と尾瀬

きこうへんどうとおぜ

尾瀬の大半は湿原とオオシラビソの森から成っています。ではなぜこのような特徴を備えるにいたったのでしょうか。

今から7万~1万年前、地球は最終氷期という状態にありました。寒冷だが積雪量は少なく、乾燥した大陸性気候で、平均気温は現在より約7~8℃も低く、北米、北欧は大陸氷河に覆われていました。

水分が陸地に蓄えられて海に流れ込まないため、海水面は現在より120~130mも低かったと想定されています。

この時期は日本海と東シナ海をつなぐ対馬海峡も浅く、対馬海流の日本海への流入も止まっていたと考えられます。宗谷海峡や間宮海峡は凍って陸地化し、北海道と樺太はつながっていました。そこを大陸から、北方系の植物やヒグマ、ナキウサギ、ライチョウなどの動物が渡って南下してきたのです。

東北地方は乾燥に強いカラマツの仲間のグイマツが優占、またトウヒ属など乾燥に強い針葉樹が全盛でした。マイナス70℃の凍結にも耐えるオオシラビソやコメツガは、大陸性の乾燥には弱いため、まだ優位ではなく、照葉樹林にいたっては、ほぼ絶滅寸前の状態でした。

ところが最終氷期が終焉に近づくと、暖かな対馬海流が徐々に日本海に流入するようになり、約8000年前には海面も現在と同じ水準まで回復してきます。その結果、冬季には海水面から水蒸気が大量供給されて日本海側に多くの降雪をもたらし、水はけの悪い所では湿原ができ始め、同時に泥炭の堆積も始まるようになります。尾瀬ヶ原、またアヤメ平など山頂の湿原が形成されたのはこの頃です。

オオシラビソ、コメツガなどは、約4000年前から寒冷で湿潤な植生地を目指して山岳上部や北方に進出するようになり、青森県の八甲田山には約600年前に到達します（オオシラビソは青森ではアオモリトドマツと言います）。大量の積雪は湿潤な環境を生み出し、南アルプス、尾瀬や奥日光などの亜高山針葉樹林では、オオシラビソやシラビソといったモミ属が中心を成すようになっていきます。

このような地球規模での大きな気候変動により、日本では絶滅した植物種もあります。しかし南北に長い国土は緯度と高度に幅があり、地形・地質が複雑なため、樹木が「逃げ込む地域、場所」を持っていました。そのため多様な種が生き残ったと考えられています。

尾瀬よりも豪雪で寒冷な地域では、亜高山帯の標高にもかかわらず、針葉樹林が欠如し、代わりに低木のハイマツ、ミヤマナラ、チシマザサなどが優勢なところがあります。景観が高山帯と似ているため、偽高山帯と呼ばれています。月山、大朝日岳、飯豊山など尾瀬に近い日本海側気候の山々がそれです。冬季には積雪が8～10mに達し、風速100mの偏西風が吹き荒れる地域です。

尾瀬の景観は、地球史上の大きな気候変動を経て、自然が造り出した産物です。地形、標高、適度な気温、適度な積雪など、偶然の組み合わせが織りなした奇跡の作品なのです。

左ページ上：4月下旬の至仏山と尾瀬ヶ原。残雪にはクレバスのような割れ目が入る。
左ページ下：偽高山帯の飯豊山山頂付近。亜高山にもかかわらず、高山に似る。

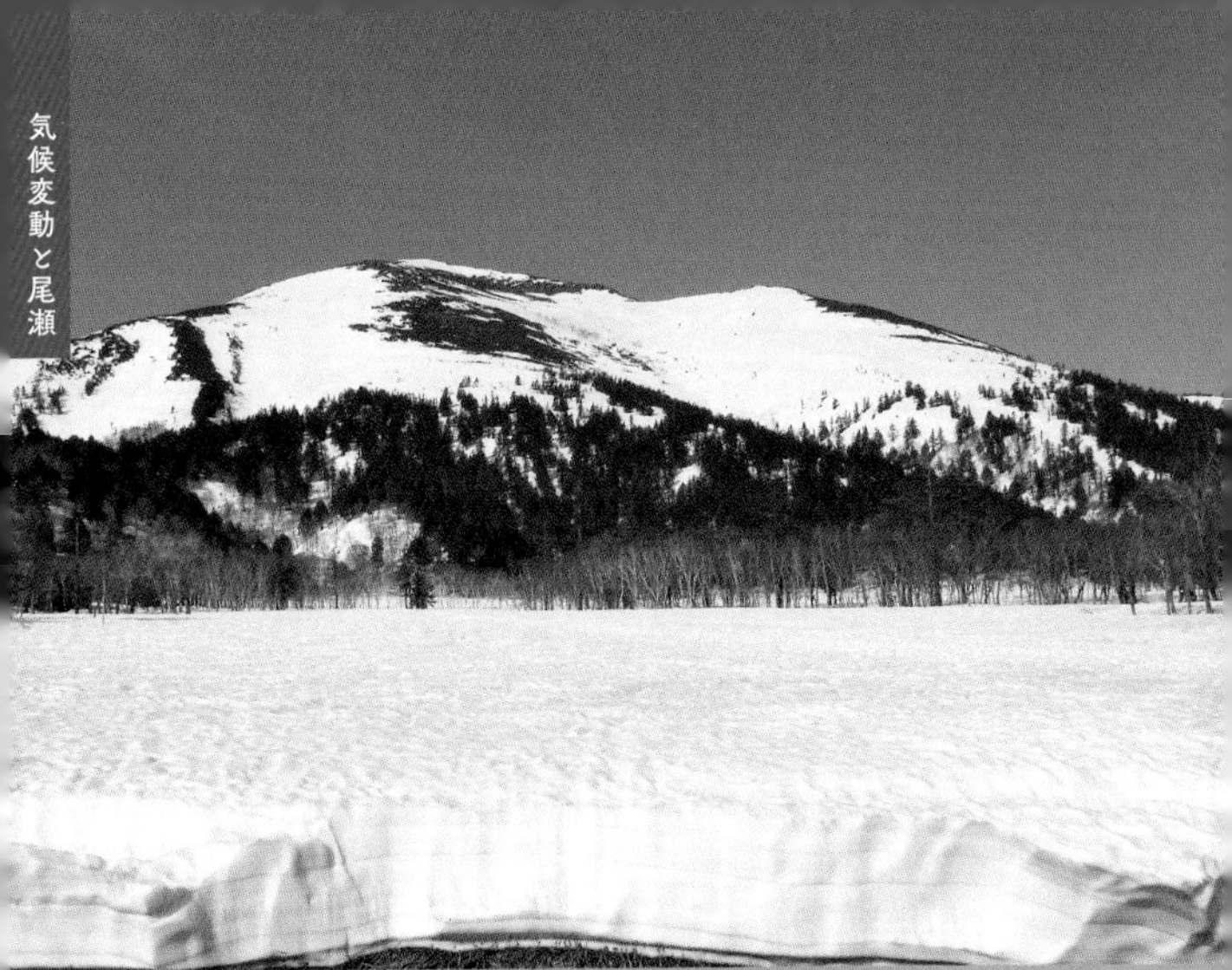

尾瀬の気象

おぜのきしょう

尾瀬は関東と東北の境界にあり北緯37度近辺です。標高は尾瀬ヶ原が約1400m、尾瀬沼約1660mと極端な高さではありませんが、温帯上部から亜寒帯の気候です。これは尾瀬全体が山々に囲まれ、盆地状に位置しているためと考えられます。

【積雪／降雨】

11月に入ると北西の季節風とともに降雪が始まり、その後は長い冬に閉ざされます。年により変動はしますが尾瀬ヶ原（山ノ鼻地区）の観測では、11月より降雪が始まり2月下旬までに積雪は約3mとなり、最大積雪深が4m以上と記録された年もあります。また尾瀬沼の長期積雪観測データによれば、最大積雪深の平均は292cm（1955年～）です。ちなみに2022年は332cm、雪解けは5月30日（平均5月25日）でした。

5月中旬を過ぎると春の装いが日に日に現れてきます。ちなみに雪解け前1ヶ月間の雪解け速度は、1日当たり約6cmとなります。

降水量は年平均約1500mm（2000年以降／鳩待峠観測）で2022年は1494mmでした。短時間の

湿気の多い尾瀬ならではの白い虹。

豪雨は年々激しくなる傾向にあり、また湿地帯の尾瀬は高湿度のため霧も多く発生します。

【気温／夏日】

気温は1年の半分近くが冬日（日最低気温０℃未満）であり、真冬日（日最高気温０℃未満）は約２ヶ月続きます。

涼しい夏であったはずの尾瀬ですが、２０１７年頃より温暖化が顕著となってきました。山ノ鼻地区の観測では、２０１７年に22年ぶりに「真夏日（日最高気温30℃以上）」４日を観測、翌２０１８年には真夏日16日、最高気温33・２℃まで上昇を記録しました。

冬の池溏。浮島も雪に覆われて真っ白だ。撮影／鈴木一雄

その後もこの夏季高温化状態は続いています。２０２２年は夏日（日最高気温25℃以上）以上50日（うち、真夏日４日）、最高気温32・２℃の記録です。

紅葉は８月下旬から始まります。森の紅葉のピークは10月上旬ですが、色付きの鮮明度は秋の昼夜気温の差などに影響され、年によりばらつきが大きいです。

標高２０００mを優に超える至仏山や燧ヶ岳の山頂付近では、９月上旬に初霜、下旬には初雪が観測される年もあります。２０２２年の至仏山、燧ヶ岳、会津駒ヶ岳の初冠雪は10月６日でした。

春

ハイカーのお目当てであるミズバショウやリュウキンカが咲く時期は、5月下旬から6月です。ショウジョウバカマが咲き、ワタスゲの淡い黄色い花がほころぶのもこの頃です。山地ではオオカメノキが白い花を付け、ブナやホオノキの芽吹きも始まり、植物たちは長い冬から目覚めたように動き出します。ウグイスが鳴き始め、尾瀬沼の氷も解け、雪解けの平均は5月25日頃です。

夏

生きものの輝きが増す夏の代表格はニッコウキスゲでしょう。湿原に黄色の絨毯《じゅうたん》を広げ輝きます。ヒオウギアヤメやカキツバタの紫、綿毛になったワタスゲ、ヒツジグサの白、オレンジ色のコオニユリなどカラフルな季節です。虫たちの動きも活発になりトンボ、チョウなどが乱舞します。晩夏にはアケボノソウ、ウメバチソウ、ミズギクなどが尾瀬を彩ります。

シカの食害がひどくなる以前の尾瀬ヶ原・ニッコウキスゲの大群落。

秋

秋の訪れはとても早いです。8月下旬には草紅葉が始まり、花のフィナーレはエゾリンドウの紫です。森ではナナカマドやカエデが赤く燃え、ダケカンバ、ブナの黄葉には目を見張るものがあります。ツタウルシやイワガラミは幹に巻きつきながら、存在感を示すように赤く色づき、山の初霜、初雪の便りは、9月下旬から届き始めます。

冬

吹雪の日も多く、積雪は3m近く、気温は氷点下30℃になる凍てつく季節です。春の訪れまで人を寄せ付けない世界に変わります。尾瀬は白一色のベールに包まれますが、冬の晴れ間には動物の足跡が散見します。生きものたちは、厳しい中でも、静かで美しい尾瀬を堪能しながら生き抜いているのです。

撮影／鈴木一雄

尾瀬に生息する植物は、氷河期を乗り越えたもの、氷河期に北方や大陸から渡ってきたもの、蛇紋岩変形植物のように、他の植物が嫌う地質に適応して生き抜いてきたものなど多様です。約半年間は雪に閉ざされ、周囲を山々に囲まれて他の地域と隔絶された尾瀬には特有の植物が多く、樹木、草本、シダなど約1000種を超える植物相が生息しています。このうち、400種近い種が日本の固有種と考えられています。また尾瀬の固有種や尾瀬原産種も30種を超えています。多くのハイカーの目に留まる草花は、5月から9月までの短い期間に色とりどりの花を咲かせ、受粉して種子を作り、次の世代に遺伝子をつないでいきます。

ミズバショウ　水芭蕉

サトイモ科ミズバショウ属（APG分類体系Ⅳ）　花期：5～6月

尾瀬と言えばミズバショウというイメージがあります。唱歌「夏の思い出」が流行る以前は、ハイカーのお目当ての花と言えば、ニッコウキスゲだったようです。この曲の影響も手伝い1955（昭和30）年頃からは尾瀬を訪れるハイカーが増加していきます。

ミズバショウ自体は尾瀬地域のみならず全国の低層、中間湿原に自生しています。葉の中央から純白の仏炎苞《ぶつえんほう》と呼ばれる苞を開くので、一見純白の花と見間違えますが、これは葉が変形したものです。

通常一つの花茎に白い苞が一つですが、まれに苞が二枚ある双方仏炎苞も見られます。仏炎苞の中央にある円柱状の部分が、小さい花が数百も集まった花序《かじょ》です。熟した種子は半透明のゼリー状となり、水に流され種子散布が行われます（有性生殖）。

冬眠から覚めたクマが、有毒性のミズバショウを食べる

流水に沿うようにミズバショウの群落が咲き誇る湿原。

左／双方仏炎苞。生息域が限られる。右／通常の仏炎苞を持つミズバショウ。

理由は、体内の老廃物である糞を出すための下剤代わりだと考えられています。

ミズバショウは、主に「水散布（川の流れを利用したもの）」で種子を散布しますが、動物を利用した種子散布も行っています。山頂近くに見られるミズバショウは、ツキノワグマがミズバショウを種子とともに丸ごと食べ、お腹に入れて山へ運ぶ「動物被食散布」の典型と言われています。

ミズバショウは氷河期の生き残りです。生息の中心は、北方のサハリン、カムチャツカ半島や高地です。学名もカムチャツカ半島に由来しています。

モウセンゴケ　毛氈苔

モウセンゴケ科モウセンゴケ属（APG分類体系Ⅳ）　花期：7～8月

食虫植物であるモウセンゴケは、長い茎に小さな花、種子も付ける高等植物です。花は5枚の花弁で約1㎝。尾瀬の研究見本園をはじめ、ミズゴケが生息する湿原や笠ヶ岳の山腹まで広範囲で観察できます。

モウセンゴケは粘着性のある葉で、小さなトンボやガガンボのような虫を捕らえている様子がよく見られます。昆虫類を食べることで養分補給がなされ、光合成の不足分を補って開花が盛んとなり、多くの種子形成が可能になります。消化酵素を分泌し、分解、吸収します。大きなトンボを捕らえた場合は、数日間かけてじっくりと消化します。

尾瀬ではマルバノモウセンゴケ、ナガバノモウセンゴケ、

葉身に甘く粘り気のある滴を付け、昆虫を待つマルバノモウセンゴケ。

トンボを捕食したナガバノモウセンゴケが朝露に濡れる。
撮影／谷川洋一

中間の雑種であるサジバモウセンゴケのすべてが生息しています。中でも、ナガバノモウセンゴケはかなり珍しく、絶滅危惧Ⅱ類です。

第3次尾瀬総合学術調査団メンバーが、尾瀬に生息するモウセンゴケの体内にある窒素15の含有量を調べたところ、他の地域と比べ平均で1.5倍と確認されました。尾瀬における窒素の供給源は主に雨水であるにもかかわらず、異常に高い含有比率です。

人の食べ残しや、こぼれた食品を食べたハエなどの昆虫類を捕らえたモウセンゴケが窒素15を取り込むらしく、人が集まる休憩所から近いところの個体ほど、比率が高い傾向にあるそうです。研究者は、人が持ち込み、こぼした残飯などの影響で、モウセンゴケに過剰な窒素が供給され、植生に悪影響を与えていると警鐘を鳴らしています。

リュウキンカ　立金花

キンポウゲ科リュウキンカ属（APG分類体系Ⅳ）　花期：5～6月

リュウキンカは、ミズバショウと同じ氷河期遺存種です。約1万年前に氷河期が終わり、気温が徐々に上昇する中で生き残る土地を求めて、尾瀬にやってきたと考えられています。水辺や湿地を好み、尾瀬ではミズバショウとともに群生し、ハイカーを喜ばせてくれます。

花弁はなく、黄色い花びらに見える5～7枚のものはすべて萼片《がくへん》です。リュウキンカは、花茎が立ち上がり、金色の花を付けることから命名されました。根生葉《こんせいよう》が長い葉柄《ようへい》を持ち束生する有毒植物です（※根生葉＝茎が短く、あたかも根から直接葉が生えているように見える、特殊な葉の形態）。

その明るい色彩に引き付けられて昆虫が寄ってくる。

厳しい冬を耐え忍び、また飢えた動物にとっては、春先の雪解けとともに緑の新芽を出す植物はとても魅力的です。リュウキンカの黄色く目立つ色は、訪花昆虫を呼び込み、受粉させるためのものなので、植物側としても葉や黄色い花

氷河期の生き残りであるリュウキンカが早春の湿原を黄色く染める。

を、動物にみすみす食べられては困ります。そこで対抗措置として有毒物質を身に付けました。これは一種の自己防衛策と考えられています。

尾瀬の湿原を金色に塗り替えるリュウキンカは、キンポウゲ科の植物です。キンポウゲ科の仲間は有毒植物が多く、最右翼はフクジュソウやトリカブトなどです。過去には誤食による人の死亡事故も発生しています。しかしながら、尾瀬のニホンジカにはこの毒は効果がないようです。春の湿原を飾るリュウキンカ、ミツガシワ、ニッコウキスゲの新芽、ミズバショウなどがシカに被食されています。

ザゼンソウ　座禅草

サトイモ科ザゼンソウ属（APG分類体系Ⅳ）　花期：5～6月

襟を立たせた僧服をまとった僧侶が座禅する姿に似ることより、この名が付きました。主に山地の林床や湿地などを好んで生育します。早春の訪れを告げる花です。尾瀬では赤茶色の部分は仏炎苞《ぶつえんほう》と言い、その中に棒状の肉穂花序《にくすいかじょ》（花弁のない約100近くの花が集合したもの）を包み込む形で、花が大きく目立つように咲きます。

残雪期の昆虫が少ない環境の中、ハエ類はいち早くポリネーター（送粉動物）として活動を始めます。ザゼンソウはそのハエの仲間をおびき寄せる受粉戦略を持っています。すなわちハエが好む肉が腐ったような臭いを発するため、英語では、「スカンクキャベツ」と呼ばれます。

一般に植物には体温維持機能はなく、多くの植物の体温は気温とともに変動すると考えられています。しかし驚くことに、中には自ら発熱し、その体温を調節できるものが存在します。

ザゼンソウは外気温がたとえマイナス10℃であっても、中心部の肉穂花序の温度を20℃前後に維持していることが発見されました。雌花の2週間の開花期間中、発熱を継続することも確認されました。言わば「恒温植物」という、植物界では稀《まれ》な特異性を持つことがわかってきたのです。

発熱の理由としては、周りの雪を解かし、花序の成長促進や訪花昆虫誘引のため、また揮発性物質の臭いをより効果的に拡散させるため、などが考えられます。

多くのハエがこの花の臭いに誘引され、受粉のお手伝いをします。

名前の通り、襟を立てた
法衣を着て座禅を組む僧
侶を思わせるその姿。

ヒメシャクナゲ　姫石楠花

ツツジ科ヒメシャクナゲ属（APG分類体系Ⅳ）　花期：6〜7月

シャクナゲの葉に似て葉縁が外側に丸く反るところから、この名があります。高さ10〜20㎝と小さいため、ヒメ（姫）が冠に付いています。ヒメシャクナゲの葉は互生し、広線形で細く肉厚な点などはシャクナゲに似ていますが、花の姿は全く異なります。スズランに似たつぼ形の薄いピンク色の花を、6〜7月の湿原で2〜10個程度下向きに付けます。

尾瀬だけでなく、北半球の寒冷地の湿原に生えるツツジ科の樹木で、互生の葉は長さ2〜3㎝、幅5㎜ほどと小さいものです。

葉の裏面は白色を帯び、つぼ形の花は長さ5㎜ほどです。雄しべは10本。花が下向きに付くのは、ハエ類に花粉を取られないようにしているためと考えられています。

亜高山帯〜高山帯の高層湿原（ミズゴケ湿原）に生息し、可憐な草のように見えますが、マッチ棒の太さほどの細い幹でも、年輪がきちんとある常緑小低木です。初めて見た人はヒメシャクナゲが樹木とは思えないでしょう。

ヒメシャクナゲを含むツツジ科植物には、グラヤノトキシン（grayano-toxin）など有毒物質が多く含まれています。人が誤って食べたりすると神経麻痺、または呼吸困難まで招くと言います。

5㎜ほどの大きさの可憐な真珠のような花。

高層湿原を中心に花を
咲かせる。写真提供／
尾瀬保護財団

花の大きさは5㎜ほど。
左は10円硬貨。

ミツガシワ　三槲

ミツガシワ科ミツガシワ属（APG分類体系Ⅳ）　花期：6〜7月

氷河期の生き残りであるミツガシワ。
雌しべが長い長花柱花。

沼や池などの水辺に生える抽水性の植物で一属一種の多年草です。花は5枚の白い花びらの内側に白い毛が密生して咲きます。

地下茎の成長力は強く、夏季には茎を伸ばします。尾瀬でもミツガシワの花は、一本の花茎にたくさんの花が付き群生するため、白と緑の絨毯を彷彿させる景観を見ることができます。

ミツガシワは日本だけでなく北半球の寒冷地に分布し、湿地や浅めの水中に生息しています。

地下茎を横に伸ばして広がり、葉は複葉で3枚の小葉から成り立っています。花茎は15〜40㎝で、総状に10〜20個の花を付けます。

株は雌しべが雄しべより長い「長花柱花」と、雌しべが雄しべより短い「短花柱花」の2種類です。長花柱花の花

雄しべが雌しべより長い短花柱花。
こちらは結実しない。

のみが結実します。

6～7月に白い花を多数付けます。亜寒帯や高山に多く生息しますが、一部の暖帯にも自生しています。

ミツガシワは氷河期の生き残りであり、氷河期時代の地層から種子の化石が発見されています。その頃より北半球に広く分布していたと考えられています。

乾燥させた葉を摂取するとよく眠れるため、古くから漢方薬として用いられてきました。また、葉と葉柄は煎じて飲むと健胃薬にもなります。新しい分類法ではリンドウ科から独立してミツガシワ科に変更となりました。

和名の由来は小葉が家紋の「三つ柏」に似ていることにあり、「三つ柏」は三菱グループのマークのモチーフでもあるそうです。

コバイケイソウ

小梅蕙草

シュロソウ科シュロソウ属（APG分類体系Ⅳ）　花期：6～7月

中央が両性花。両側は雄花。

コバイケイソウの若葉。

花は梅花を思わせ、葉が蕙蘭《けいらん》に似ているために命名されました。亜高山の草地や湿地のような、比較的湿気が多く日当たりの良い所に生息しています。

背丈が1m近くまで育ち、全体に花を豪勢に付けます。豊凶現象があり2013（平成25）年の尾瀬のように、数年に一度はコバイケイソウの大群落が出現します。

花は、小型のお椀形で明るいクリーム色です（バイケイソウは薄い緑色）。至仏山などの多雪地には「ウラゲコバイケイ」が生育し、これは葉裏脈上に突起毛があるコバイケイソウの変種です。

花序の中央部は両性花で、結実して果実を作ります。側方は雄花序であり虫を引き付ける役目を担う、送粉媒介（ポリネート）専用の花となります。芽生えから花が付くまでに数年かかりま

コバイケイソウの群落。年によって花の豊凶があると言われる。

すが、花期にはたくさんの小花を付け、咲き誇ります。

コバイケイソウの誤食による食中毒が毎年のように発生しています。多くはコバイケイソウの若芽とオオバギボウシ(ウルイ)とを間違えたことによるものです。コバイケイソウは、根茎が殺虫剤として利用され「はえころし」とも言われるほど、強い毒性を持っています。

目立つ花で昆虫を誘い、毒で捕食者を撃退する生存戦略を持つとされるコバイケイソウは、動物は食べないと昔から言われてきました。バイケイソウ、コバイケイソウ、トリカブトなどの猛毒植物はシカも避けると言われていましたが、最近は有毒植物の食害も報告されています。

尾瀬のコバイケイソウの中には、シカの食痕が散見します。

ニッコウキスゲ

日光黄萱

ワスレグサ科ワスレグサ属（APG分類体系Ⅳ）
花期：7〜8月上旬

尾瀬を訪れるハイカーの多くはこの花に出会うのが楽しみ。

一つの花の寿命は一両日間と非常に短く、学名もその意を含んだものとなっています。

一つの株からは一日一輪が咲き、一つの株にある6〜7つの花芽が次々に開花します。

昆虫などに送粉してもらうため必要最小限ずつ咲かせて、株としての開花期間を長くする戦略と考えられています。逆に、蕾《つぼみ》の全体数量から花の開花期間を知ることも可能で、見頃は1週間程度です。

DNA分類に基づいたAPG分類体系Ⅳによると、ニッコウキスゲ（ゼンテイカ）は、キジカクシ目ワスレグサ科ワスレグサ属となります。形態がユリの形に似ているため多くの植物図鑑ではユリ科と記載されていますが、今後植物分類は変わります。ユリとの

ニッコウキスゲが咲く大江湿原。

相違点として、線形の葉の形状が2列、花の基部に花筒があることなどから、ユリ科の進化とは違う系統であると、DNA分析で判断されています

ニッコウキスゲは、東北、北海道また南千島、樺太に分布する多年草です。日光地方の固有種というわけでもなく、南限は鈴鹿山脈の伊吹山以北の高原です。

有名な群生地としては、特別天然記念物の尾瀬、天然記念物の雄国沼湿原、駒止湿原(ともに福島県)、霧ヶ峰の湿原(長野県)など「天然記念物指定地域」があります。

大正末期より各地で別々に命名されたために、和名/学名ともに混乱があり、現状では、種の統合や整理の結果、和名は「禅庭花/ゼンテイカ」が標準名とされています。

タテヤマリンドウ　立山竜胆

リンドウ科リンドウ属（APG分類体系Ⅳ）　花期：5～7月

日に当たると開き、日陰になると閉じるタテヤマリンドウの花。

従来、タテヤマリンドウと呼ばれていましたが、ハルリンドウの高山型変種であると判明しています。花期はハルリンドウよりやや遅れますが、尾瀬では5月下旬～6月下旬に開花、一見してハルリンドウとの区別は難しいです。

日が当たっている時だけ花を開き、曇天、雨天時には、花弁を閉じて蕾《つぼみ》状態になります。人の陰になっても、直射日光が花に当たらなくなって、花を閉じて蕾に変身します。

この花弁の開閉は尾瀬でも観察できます。

閉じた蕾の形は筆の先に似ています。地域によって花びらの色が微妙に変化し、濃い紫色から白色までさまざまです。

ヤチヤナギの種子は水面に浮かんだまま散布される「水散布」のため、川、湧水の流れ方により生息密度に濃淡が出ます。尾瀬ヶ原での生息地は中田代が全体の7割を占め、上田代が26％、下田代は3％と傾向の違いが大きく出ています。

尾瀬中田代の木道に沿ってヤチヤナギの大群落が続きます。5月下旬に花とは思えない茶色の花を咲かせ、7月中・下旬には実生が結実します。葉は楕円形で、長さ2～4㎝とごく小さいです。雄花、雌花が別々の株に付く雌雄別株の灌木です。株全体から発する独特の芳香が特徴で、催眠的効果もあるとされます。古くからハーブに利用され、ビールの香り付け、香水などにも使用されています。

ヤチヤナギ　谷地柳

ヤマモモ科ヤチヤナギ属（APG分類体系Ⅳ）　花期：5～6月

ヤチヤナギの葉と枝からは甘味のある芳香が漂う。

ショウジョウバカマ

猩々袴

シュロソウ科ショウジョウバカマ属(APG分類体系Ⅳ)　花期：5〜6月

雄しべと雌しべに開花期の「ずれ」を持っていることが生存戦略の一つです。これは自家受粉の回避を狙ったものです。開花すると先に雌しべが伸び、閉じられた蕾《つぼみ》の先端を少し開いて柱頭の先端だけを外に出し、他のショウジョウバカマの花粉が来るのを待つ体勢になります(雌性先熟)。この時点では、花粉はまだ雄しべの葯《やく》の中に封入されたままの状態です。ハナバチなどの送粉昆虫が、花粉を運んできてくれることを期待しています。次に数日間の時間差をおいて、雄しべが成熟して伸び、葯が開いて花粉を飛ばす状態になります。

実生から開花までには2年かかり、3年目以降に開花が可能となります。2年目の秋に花芽を形成した上で越冬します。冬を越した葉は、春先の弱い光の中で光合成を始め、蓄えたエネルギーを種子の形成と花茎の伸長に使います。種子は軽く、より遠くまで種子を飛ばすため、茎の背丈が1m近くまで伸びます。

種子は数百から数千の単位で「風散布」されますが、大きな個体に成長する前にほとんどが枯死します。

ショウジョウバカマは種子散布と栄養繁殖(クローン繁殖)の2つの戦略で生き抜いています。なおクローンである「不定芽」を作り出した親の3年葉は新しい個体を生み、見届けるようにして枯死し、新個体は親個体から独立します。

葉の先端より発芽する「不定芽」。

白色から薄い紅色、
濃い紫まで、花の色
には幅がある(左も)。

ツバメオモト　燕万年青

ユリ科ツバメオモト属（APG分類体系Ⅳ）
花期：5月下旬〜7月

ツバメオモトの白い花。秋には瑠璃色の実生を付ける。

　ユリ科の多年草。亜高山の針葉樹林内などに生え、茎の高さは20〜70㎝。葉はオモトに似て大きく、葉脈は平行脈として伸びます。5月下旬〜7月、直径約1㎝の白色の花を数個付け、花被片と雄しべはそれぞれ6個、花柱の先は3裂しています。果実は濃藍色ないしは瑠璃色の液果で、7月下旬には直径1㎝程度の実を付けます。

　葉がオモトに似ていること、葉がいつも青々として大きな株を意味する「大本（おおもと）」の字を合わせてオモトと名付けられましたが、ツバメの由来は諸説あり、はっきりしません。

　北海道北端の礼文島、利尻島にも生息する氷河期の生き残りであり、冷温な地を求める北方系の遺存植物です。関西地域ではほぼ絶滅し、日本には本種1種のみが生育しています。

オサバグサは一属一種の日本の固有種です。主に本州中北部・亜高山帯樹林内の湿り気のあるところを好むケシ科の植物で、時に大群落を形成します。オサバグサは花期以外ではシダの仲間と見間違える葉を持っています。特にミヤマシシガシラの葉とよく似ています。盗掘が激しいため、福島県を含め東北全域で絶滅危惧種に指定されています。

花期は6月上旬から7月上旬にかけてで、白い小さな花を穂状に付けます。6月下旬に帝釈山、田代山間の林道に沿うように可憐に咲く姿は見事です。和名は葉の形状が櫛の歯のようで、機《はた》織《おり》の筬（おさ＝織物を織るときに糸を通す櫛状のもの）に似ていることに由来します。

オサバグサ

筬葉草

ケシ科オサバグサ属（APG分類体系Ⅳ）

花期：6月上旬〜7月上旬

林床植物のオサバグサ。帝釈山、田代山には群生する。

【初秋の花2種】

アケボノソウ　曙草

リンドウ科センブリ属

花期：8〜9月　草高：40〜70㎝　花：約2㎝

花弁には紫色の点と、黄緑色の特徴的な2つの丸い模様があります。この模様を夜明けの星空に見立てて名付けられました。模様は蜜が出る蜜腺になっており、アリがよく群がります。花びらは5枚(根元でくっついていて、正確には5裂)が普通。

ウメバチソウ　梅鉢草

ニシキギ科ウメバチソウ属

花期：8〜9月　草高：20〜40㎝　花：約2〜3㎝

蜜で昆虫を誘います。開花初日は、花びらだけが開き、2日目以降一日1本ずつ雄しべが立ち上がります。7日目ですべての雄しべが成熟し、次いで雌しべが成熟し始めます。家紋の「梅鉢」に似ていることから名付けられました。

【減少著しいラン科2種】

オノエラン　尾上蘭

ラン科カモメラン属

花期：7月　草高：10〜15cm　花：約1cm

日本の特産種で、湿地のやや乾燥した場所に生息する多年草です。尾瀬（下田代）、田代山、安達太良山で見られます。群落はせず、茎の先に３〜５個の花を付け、和名は尾根に生えるランの意味です。楕円形の葉が基部に２枚付きます。

カキラン　柿蘭

ラン科カキラン属

花期：7月下旬〜8月上旬　草高：30〜40cm　花：約2cm

柿蘭の名前の由来は、花の色が柿の実に似ているところです。花びらの内側には紅紫色の斑紋があり、茎の上部は苞葉となります。日当たりの良い湿地を好む多年草で、近年個体数の減少が著しくなっています。

【アヤメ科の代表格2種】

ヒオウギアヤメ　檜扇菖蒲

アヤメ科アヤメ属

花期：6～7月　草高：60～70㎝

茎の途中から枝分かれして、花は2～3個付きます。花弁の付け根付近が黄色から白に変化して、網目模様が付きます。一日花で、朝開き夕方にはしぼんでしまいます。名の由来は、花がアヤメに似て、葉が扇のように広がっているから。

カキツバタ　杜若

アヤメ科アヤメ属

花期：6月中旬～7月中旬　草高：50～90㎝

茎は枝分かれせず、茎1本に1個の花が付きます。花弁の付け根から白い（薄黄色い）筋が1本通っています。名前の由来はこの花汁で布や着物を染めたため、「書きつけ花」と呼ばれ、これが変化したそうです。準絶滅危惧(NT)。

【池塘に咲く花2種】

ヒツジグサ　未草

スイレン科スイレン属

花期：6～9月　草高：水面に咲く　花：5cm

未の刻（2時頃）に花が開くというのが名の由来（実際の開花時刻は天候に大きく左右されます）。花は夜間は閉じ、3～4日間開閉を繰り返します。葉脈が葉の中心から放射状に伸び、切れ込みが重なります。水深100～130cmくらいに根を張ります。

オゼコウホネ　尾瀬河骨

スイレン科コウホネ属　花期：7～8月

草高：水面より10cmほど花頭が出る　花：2～3cm

黄色い部分は萼片、雌しべの頭部は赤色です。葉の切れ込み部分はヒツジグサと違い重なりません。ネムロコウホネの変種とされますが、集団内変異または隔離が確立した別種の可能性もあると研究者は指摘しています。

【綿毛の花2種】

ワタスゲ　綿菅

カヤツリグサ科ワタスゲ属　花期：5～6月
草高：30～40㎝　色：果穂は白く、葯は黄色の針状
花：2㎝（小穂の長さ）小穂は1つ　綿毛：球状1つ

亜高山帯の中間湿原から高層湿原に群生する多年草で、尾瀬における花期は5月下旬から6月です。茎に淡い薄黄色の花を付け、6月下旬から7月中旬にかけては白い綿毛に変わります。草丈を伸ばして種子散布を行います。

サギスゲ　鷺菅

カヤツリグサ科ワタスゲ属　花期：6～7月
草高：30～50㎝　色：葯は黄色の針状　花：1㎝（小穂）
綿毛：数個が付き、束ねた箒のようになる

ワタスゲは茎先に1つの白い果穂ですが、サギスゲは数個の果穂を付けるのが特徴。また、果穂は球状でなく箒状になります。ワタスゲのように湿原に群生し、果穂の姿を白鷺《しらさぎ》に見立てて名付けられました。

【蛇紋岩地に咲く花2種】

オゼソウ　尾瀬草

サクライソウ科オゼソウ属
花期：7月　草高：10〜20cm　花：約0.5cm

北方系の蛇紋岩残存植物で亜高山帯から高山帯に生息。一属一種。サロベツ原野、谷川岳、至仏山などの限られた地域の特産であり絶滅危惧種Ⅱ類(VU)。他の蛇紋岩残存植物はキンロバイ、タカネシオガマなど。

ホソバヒナウスユキソウ　細葉雛薄雪草

キク科ウスユキソウ属
花期：7月　草高：10〜20cm　花：約1.5〜2cm

ウスユキソウはエーデルワイスの仲間です。白い部分は実は花びらではなく苞葉で、中心の黄色い部分が花です。蛇紋岩変形植物の一種で、周辺の山々から至仏山に侵入した植物が、蛇紋岩地に適応して変形したものです。絶滅危惧Ⅱ類(VU)

黄色系の花

オオバキスミレ（大葉黄菫）

スミレ科スミレ属
花期：5〜6月　花：1.5〜2㎝
林床に生息。日本の特産種で変種が多い多年草。

ジョウエツキバナノコマノツメ
（上越黄花の駒の爪）

スミレ科スミレ属　花期：6〜7月　花：1㎝
亜高山帯に生息、蛇紋岩変形植物。キバナノコマノツメの変異種。

フキ（フキノトウ）

（蕗）
キク科フキ属
花期：5〜6月
花：1㎝
早春より雪解けとともに葉が顔を出す山野草の代表格。

ワタスゲ

（綿菅）
カヤツリグサ科ワタスゲ属
花期：5〜6月
花の葯は黄色に針状であり、小穂は2㎝。綿毛は白いが、花は淡い黄色。

ツクバネソウ

（衝羽根草）
シュロソウ科ツクバネソウ属
花期：6〜7月
花：1〜2㎝
林床に生息し、葉が4枚輪生する多年草。実は黒紫色。

ハリブキ

（針蕗）
ウコギ科ハリブキ属
花期：6〜7月
花：0.6㎝
針葉樹林の林床に生える落葉小低木。鋭い針で茎、葉など全身を包む。

コバノトンボソウ

(小葉の蜻蛉草)
ラン科ツレサギソウ属
花期：6〜7月
花：2cm
草地や湿地を好む多年草。小さな花がトンボの形に似る。

ハクサンタイゲキ

(白山大戟)
トウダイグサ科トウダイグサ属　花期：6〜7月　花：0.3cm
尾瀬に生息するトウダイグサ科の植物は、ハクサンタイゲキとナツトウダイ。多年草、葉は全縁。

ハナニガナ

(花苦菜)
キク科ニガナ属
花期：6〜7月
花：3cm
ニガナの変種である多年草。ニガナより大きく、花びらも多い。

キンロバイ

(金露梅)
バラ科キンロバイ属
花期：6〜8月
花：2〜3cm
高山帯に生息する落葉小低木。蛇紋岩、石灰岩などの地質を好む。

マルバダケブキ（丸葉岳蕗）

深山

キク科メタカラコウ属
花期：7〜8月　花：5〜8㎝
人の背丈ほどの高さに成長する多年草。葉はフキの葉に似る。

ハンゴンソウ（反魂草）

深山

キク科ノボロギク属
花期：8〜9月　花：1〜2㎝
大型の多年草。茎上部に多数の花が付き、高さは1.5〜2m。群生する。

イワオトギリ

（岩弟切）

オトギリソウ科オトギリソウ属

花期：7～8月

花：3㎝

オトギリソウの高山型変種で多年草。花は日光が当たると開く。

シナノキンバイ

（信濃金梅）

キンポウゲ科キンバイソウ属

花期：7～8月

花：約3～4㎝

多年草で花びらに見える黄色い部分は、萼片が変化したもの。

オトギリソウ

（弟切草）

オトギリソウ科オトギリソウ属

花期：7～8月

花：3㎝

多年草。名前の由来は平安時代の伝説。乾燥させて生薬として利用。

キンコウカ

（金光花）

キンコウカ科キンコウカ属

花期：7～8月

花：1～1.5㎝

高山湿地を好む多年草。アヤメ平にはキンコウカが群生する。

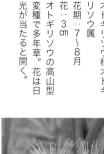

チョウジギク

（丁子菊）
キク科ウサギギク属
花期：8～9月
花：約1.5～2㎝
湿地を好む多年草。葉は細く対生に付く。白い花柄に黄色に花が付く。

オゼミズギク

（尾瀬水菊）
キク科オグルマ属
花期：8～9月
花：3～4㎝
湿地を好むミズギクの変種の多年草。尾瀬の水気の多い場所に生える菊。

ツルニンジン

（蔓人参）
キキョウ科ツルニンジン属
花期：8～9月
花：2.5～3㎝
林縁に生えるツル性多年草。ツル状の枝は2mにもおよぶ。釣鐘状の花。

キツリフネ

（黄釣船）
ツリフネソウ科ツリフネソウ属
花期：8～9月
花：3～4㎝
湿った林床を好む一年草。花の内側に赤い斑点がある。

白色系の花

タムシバ（田虫葉）

モクレン科モクレン属
花期：5〜6月　花：6〜10㎝
落葉低木。花の大きさは人の拳ほど。葉裏が白い。

ウワミズザクラ（上溝桜）

バラ科ウワミズザクラ属
花期：6月　花穂：6〜8㎝
落葉高木。花はブラシのような穂状でありサクラのようには見えない。

ミヤマエンレイソウ

（深山延齢草）

シュロソウ科エンレイソウ属

花期：5～6月

花：2～3㎝

15㎝ほどの大きな葉を3枚、1個の白い花を付ける。

ニリンソウ

（二輪草）

キンポウゲ科イチリンソウ属

花期：5～6月

花：1.5～2.5㎝

湿った林床を好む多年草。葉柄がないのが特徴の一つ。

ヤマトユキザサ

（大和雪笹）

キジカクシ科マイヅルソウ属

花期：6～7月

花：0.6㎝

深山の林床に生える多年草。尾瀬では多く見られる。雌雄異株。

サンカヨウ

（山荷葉）

メギ科サンカヨウ属

花期：5～6月

花：1～2.5㎝

「荷葉」はハスの意味。花茎に10個程度の花を付ける。

ズミ

(桷)

バラ科リンゴ属
花期：6月
花：1㎝
落葉小高木。小さな実ができるが酸っぱいため、酢実(すみ)との説もある。

オオカメノキ

(大亀木)

レンプクソウ科ガマズミ属　花期：6月
花全体：10〜15㎝
葉の形が亀の甲羅に見えるところから名が付く。白色は装飾花。

コミヤマカタバミ

(小深山傍食)

カタバミ科カタバミ属
花期：6〜7月
花：2㎝
樹林帯に生える多年草。ハート形の小葉を3枚付ける。

ゴゼンタチバナ

(御前橘)

ミズキ科サンシュユ属
花期：6〜7月
花：2㎝
針葉樹下に生息する多年草。白い花びらに見えるのは総苞片。

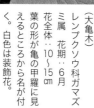

ツルアジサイ

（蔓紫陽花）
アジサイ科アジサイ属
花期：6～7月
花全体：10～15㎝
落葉ツル低木。多数の両性花と装飾花を付ける。

イワガラミ

（岩絡み）
アジサイ科アジサイ属
花期：6～7月
花全体：直径10～20㎝の散房花序
ツルアジサイに似るが、葉の鋸歯が粗く、装飾花の萼片は1枚。

ミズチドリ

（水千鳥）
ラン科ツレサギソウ属
花期：6～7月
花：1㎝
湿原に生息する多年草。香りが良く別名ジャコウチドリ。

マイヅルソウ

(舞鶴草)

キジカクシ科マイヅルソウ属

花期：6～7月

花：0.5㎝

林床に生息する多年草。群落を形成し、葉はハート形。

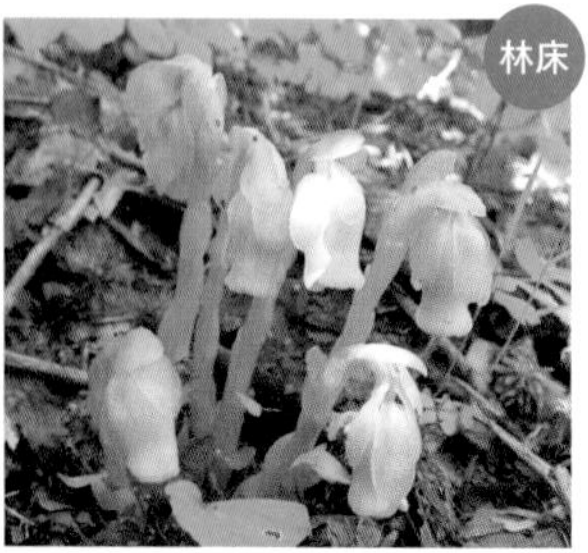

ギンリョウソウ

(銀竜草)

ツツジ科ギンリョウソウ属

花期：6～7月

花：2～3㎝

林床に生息する腐生植物。葉緑素を持たず菌類と共生。

ヤグルマソウ

(矢車草)

ユキノシタ科ヤグルマソウ属

花期：6～7月

花：0.7～0.9㎝

湿った土を好む多年草。ヤグルマは風車のこと。5枚の小葉が付く。

ミツバオウレン

(三葉黄蓮)

キンポウゲ科オウレン属

花期：6～8月

花：1㎝

深山の林床に生息する多年草。白いのは萼片が変形したもの。

ツマトリソウ

（棲取草）
サクラソウ科コナスビ属
花期：6～7月
花：2㎝
樹林帯に生息する小型の多年草。葉裏が白い。

ナナカマド

（七竈）
バラ科ナナカマド属
花期：6～7月
花：0.5～1㎝
落葉小高木。名の由来は7回竈《かまど》に入れても燃え尽きないため。

ホソバコゴメグサ

（細葉小米草）
ハマウツボ科コゴメグサ属
花期：7月
花：0.7㎝
至仏山、谷川岳、月山など亜高山に生息する半寄生植物。

アカモノ（イワハゼ）

（赤物（岩黄櫨））
ツツジ科シラタマノキ属
花期：6～7月
花：0.5～0.7㎝
常緑小低木。名前の由来は赤い実がなるため。花は釣鐘状。

イワシモツケ

（岩下野）

バラ科シモツケ属

花期：7〜8月

花：0.8cm

亜高山帯に生える落葉低木。蛇紋岩や石灰岩地に生息。日本固有種。

キヌガサソウ

（衣笠草）
シュロソウ科キヌガサソウ属
花期：6〜7月
花：6㎝
大きな葉を輪生状に8枚ほど付ける。名の由来は葉の形を衣笠に見立てて。

ハクサンシャクナゲ

（白山石楠花）
ツツジ科ツツジ属
花期：7月
花：3〜4㎝
高山帯に生える常緑低木。高さは1〜3m。

ミヤマダイモンジソウ

（深山大文字草）
ユキノシタ科ユキノシタ属
花期：7〜8月
花：1㎝
岩場を好む多年草。花が「大」の字に似るところから名が付く。

ミネウスユキソウ

（峰薄雪草）
キク科ウスユキソウ属
花期：7〜8月
花：1㎝
ウスユキソウの高山型。花や葉裏が白いうぶ毛に覆われる。

タカネトウウチソウ

（高嶺唐打草）
バラ科ワレモコウ属
花期：8月
花穂全体：5～10㎝
高山帯に生息する多年草。草高は50～80㎝とやや大型。

ハクサンイチゲ

（白山一花）
キンポウゲ科イチリンソウ属
花期：7～8月
花：2～3㎝
高山帯に生える多年草。花弁はなく、白い部分は5～7枚の萼片。

チングルマ

（稚児車）
バラ科チングルマ属
花期：6～7月
花：2～3㎝
落葉小低木。羽毛状の実が子どもの風車に見立てられ、その名が付く。

イワイチョウ

（岩公孫樹）
ミツガシワ科イワイチョウ属
花期：7～8月
花：2㎝
高山の湿地を好む多年草。葉がイチョウに似るところから名が付く。

クモイイカリソウ

（雲井碇草）
メギ科イカリソウ属
花期：7月
花全体：2〜2.5cm
蛇紋岩地に生える特産種。至仏山、谷川岳の岩場に生息。

サラシナショウマ

（晒菜升麻）
キンポウゲ科ルイヨウショウマ属
花期：8〜9月
花穂：20〜30cm
林床、草地に生息する多年草。白い花が密に付く。

ゴマナ

（胡麻菜）
キク科シオン属
花期：8〜9月
花：1〜2cm
低木の林や拠水林にも生息。葉は長楕円形。高さは人の背丈ほどまで成長する。

イワショウブ

（岩菖蒲）
チシマゼキショウ科イワショウブ属
花期：8〜9月
花全体：4〜8cm
湿地に多く生息する多年草。茎は粘つく。葉は線形。

シラネアオイ

(白根葵)

キンポウゲ科シラネアオイ属

花期：6～7月　花：5～7㎝

一属一種。由来は日光白根山にかつて群生、花がタチアオイに似ているため。

キクザキイチゲ

（菊咲一花）

キンポウゲ科イチリンソウ属

花期：5〜6月

花：3〜4㎝

林床に生える多年草。葉は、羽状に裂け、花は薄紫か白。

オオバタチツボスミレ

（大葉立壺菫）

スミレ科スミレ属

花期：5〜6月

花：1.5〜2㎝

亜高山の湿地を好む多年草。高さは20〜30㎝とスミレの中では大型。

ノビネチドリ

（延根千鳥）

ラン科ノビネチドリ属

花期：6〜7月

花：0.5㎝

葉は10〜15㎝で縁が波打つ。花弁は尖らず、丸みがある。

ノアザミ

（野薊）

キク科アザミ属

花期：7〜8月

花：約3㎝

雄性期には花粉を出し、花粉が終わると雌性期に入る。

ムラサキタカネアオヤギソウ

（紫高嶺青柳草）
シュロソウ科シュロソウ属
花期：7〜8月
花：約1〜1.5cm
タカネアオヤギソウの高山種。シュロソウの集団内変異との見解もある。

タカネナデシコ

（高嶺撫子）
ナデシコ科ナデシコ属
花期：7〜8月
花：3〜4cm
高山に生える多年草でカワラナデシコの変種。葉は広線形。

ツルリンドウ

（蔓竜胆）
リンドウ科ツルリンドウ属
花期：8〜9月
花：3cm
林床に咲くツル性の多年草。葉は3脈が目立つ。

オクトリカブト

（奥鳥兜）
キンポウゲ科トリカブト属
花期：8〜9月
花：3〜4cm
林縁、草地に生息する多年草。名前の由来は花が舞踊装束の鳥兜に似ること。

タムラソウ

(田村草)
キク科タムラソウ属
花期：8〜9月
花：3〜4㎝
草地を好む多年草。アザミに似るがトゲはなく、秋口に開花。

エゾリンドウ

(蝦夷竜胆)
リンドウ科リンドウ属
花期：8〜9月
花：3〜5㎝
湿原、草地を好む多年草。尾瀬地域で花の最終盤を飾る。

ソバナ

(蕎麦菜)
キキョウ科ツリガネニンジン属
花期：8〜9月
花：2〜3㎝
山地に咲く多年草。1m近くまで成長。鈴なりの花が付く。

サワギキョウ

(沢桔梗)
キキョウ科ミゾカクシ属
花期：8〜9月
花：3〜5㎝
湿地を好む多年草。葉は無柄で、茎は分枝しない。

赤色系の花

トガクシソウ (戸隠草)

別名トガクシショウマ(戸隠升麻)
メギ科トガクシソウ属　花期：5月下旬〜6月上旬　花：2.5〜3㎝
多雪地帯の落葉広葉樹の渓流沿い林床に生息。一属一種、日本の固有種。準絶滅危惧(NT)。

クリンソウ (九輪草)

サクラソウ科サクラソウ属
花期：5〜6月　花：2〜2.5㎝
渓流沿いなどに生息する多年草。名の由来は、花の付き方が仏閣の塔の上にある九輪に似るため。紅紫色から白まで変種あり。

ハクサンコザクラ

(白山小桜)
サクラソウ科サクラソウ属
花期：7月
花：約2㎝
高山の湿地および草地を好む多年草。別名ナンキンコザクラ。

イワナシ

（岩梨）
ツツジ科イワナシ属
花期：5〜6月
花：約1㎝
常緑低木で山地に生息。鐘形の花で、実生は梨に似て食べられる。

ムラサキヤシオ

（紫八染）
ツツジ科ツツジ属
花期：5〜6月
花：4〜5㎝
花期には葉より花が先に付くため非常に目立つ。

レンゲツツジ

（蓮華躑躅）
ツツジ科ツツジ属
花期：6〜7月
花：4〜6㎝
尾瀬の初夏を彩る落葉低木。群生することが多い。

トキソウ

（朱鷺草）
ラン科トキソウ属
花期：6〜7月
花：2〜3㎝
トキの羽の色に似た花を花茎の先端に1つ付ける。

ウラジロヨウラク

（裏白瓔珞）
ツツジ科ツツジ属
花期：6〜7月
花：1〜2㎝
山地に生息する落葉低木。葉裏が白いためウラジロの名が付く。

ガクウラジロヨウラク

（萼裏白瓔珞）
ツツジ科ツツジ属
花期：6〜7月
花：1〜2㎝
ウラジロヨウラクの変種で萼片が長いのが特徴。

イワカガミ

（岩鏡）
イワウメ科イワカガミ属
花期：6〜7月
花：約1〜2㎝
花が茎の先端に数個集まり咲く常緑の多年草。

ハクサンチドリ

（白山千鳥）
ラン科ハクサンチドリ属
花期：6〜7月
花：1〜2㎝
高山の草地に生息する多年草。花は茎の上部に付く。

ベニサラサドウダン （紅更紗灯台）

ツツジ科ドウダンツツジ属
花期：7月　花：約1㎝
高山に生える落葉低木。花の縁は反り返らない。サラサドウダンの変種との見解もある。

コオニユリ （小鬼百合）

ユリ科ユリ属
花期：7〜8月　花：約5〜10㎝
葉は放射状には付かず多数付く。ムカゴは付かない。

ハクサンフウロ

（白山風露）
フウロソウ科フウロソウ属
花期：7月
花：2〜3㎝
高山の草地に生える多年草。葉は長い柄の先に付く。

ジョウシュウアズマギク

（上州東菊）
キク科ムカシヨモギ属
花期：7月
花：約3㎝
高山に生える多年草。葉の幅は0.5㎝と狭い。花は茎先端に1つ付く。

クロトウヒレン

（黒唐飛廉）
キク科トウヒレン属
花期：7〜8月
花：約2㎝
花は、茎の先に2〜3個が集まって咲く。シラネアザミの変種。

イブキジャコウソウ

（伊吹麝香草）
シソ科イブキジャコウソウ属
花期：7〜8月
花：約1㎝
高山の地面を這うように生息する矮性の低木で良い香りがある。

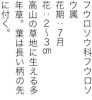

ジョウシュウオニアザミ

(上州鬼薊)
キク科アザミ属
花期：7～8月
花：3～5㎝
群馬県～新潟県の亜高山帯草地に生える特産種。下向きに花を付ける。

ミヤマワレモコウ

(深山吾亦紅)
バラ科ワレモコウ属
花期：8～9月
花穂：1～3㎝
山地に生える多年草、卵形の花穂。高さは80～100㎝。

オニシオガマ

(鬼塩釜)
ハマウツボ科シオガマギク属
花期：8～9月
花：3～4㎝
大型の多年草であり、半寄生植物。高さは50㎝ほど。

オゼヌマアザミ

(尾瀬沼薊)
キク科アザミ属
花期：8～9月
花：1.5～2.5㎝
尾瀬の湿原に生息する多年草。花脇の針状のものは総苞。

ダケカンバ 岳樺

カバノキ科カバノキ属
（APG分類体系Ⅳ）

雪の重みや雪崩に対して樹体の形を変えながら耐える柔軟性を持つ。

亜高山帯の森林限界付近では樹高10〜15m。大きいものは30mに達する高木となり、雪崩や雪圧の強い場所では、樹体をJの字形に曲げる柔軟性を持つなどして生き抜きます。

漢字で記した「岳樺」の通り、シラカンバ（白樺）より高地（亜高山帯〜高山帯）の山岳地域に生息しています。シラカンバ同様、風散布による繁殖方法をとり、山火事の跡地、伐採跡地などに繁殖場所を求め、また針葉樹林帯でも、ギャップが発生すると素早く定着を目指す戦略を持っています。

秋には鮮やかに黄葉する落葉高木です。

カバノキの樹種は樹皮に油分が多く非常に燃えやすいため、昔は松明《たいまつ》や火付の着火材に使用していました。

早春のダケカンバ。新芽を付けて本格的な春の訪れを待っている。

尾瀬ではシラカンバとダケカンバは標高により棲み分け。写真提供/杉原勇逸

シラカンバ　白樺

カバノキ科カバノキ属
（APG分類体系Ⅳ）

見た目の通り、樹皮の白さが白樺の名の由来です。葉は三角形で鋸歯があります。

明るい場所を好み、山火事の跡など攪乱地で発芽、成長して純林を築きます。まっすぐに伸長して高さは20〜30mほどになります。枝は箒状に広がり、樹皮が紙のようにはがれます。花期は春で、秋には黄葉する雌雄同株の落葉高木です。

シラカンバは多くの種子を風散布して攪乱地へ送り込む戦略をとります。種子は

4月中旬の田代原。写真提供／杉原勇逸

幹に「への字」型の落枝痕があるのが特徴の一つ。

100gあたり34万個と言われ、一つの種子の大きさは2～3㎜と極めて小さいです。

樹液はチューインガムなどに使うキシリトールの原料や、保湿を促進する効果があることから化粧品にも利用されています。

ウダイカンバ

鵜松明樺
カバノキ科カバノキ属
（APG分類体系Ⅳ）

カンバの仲間は攪乱地にいち早く種子散布を行うフロントランナー。

樹高15〜30mになる落葉高木で、緻密で強靭、加工性にも優れ、高級材として取り扱われています。カンバはアイヌ語の「桜の皮目」を表す「カリンパ」が語源と言われます。

葉はダケカンバやシラカンバの3倍ほどの大きさで、長さが8〜14cmのハート形となります。

山火事や伐採の跡地を好み、純林を作ることはカバノキ属の共通戦略です。また標高が高い尾根近辺はダケカンバ、中腹斜面下はウダイカンバ、比較的なだらかな平地、緩斜面はシラカンバという生息地域の棲み分けも、カバノキ属の戦略の一つです。樹皮は油脂成分が多くよく燃え、「鵜飼いのアユ漁」に使用する松《たい》明《まつ》に使用されたことから、和名では鵜松明樺と書きます。

カンバ類の見分け方

まずどんなところに生息しているか、観察しましょう。

ウダイカンバ

ダケカンバ

シラカンバ

生息地：シラカンバは明るい平地、ウダイカンバは山岳地帯中腹斜面、ダケカンバは山岳地帯の上部。

葉：側脈はシラカンバでは６～８対、ダケカンバでは７～12対、ウダイカンバでは10～12対です。シラカンバの葉は正三角形に近く、ダケカンバは楕円形に近いです。ウダイカンバの葉は長く、幅も広く、大型です。

樹皮：シラカンバの樹皮は滑らかな白色で横に薄くはがれます。ダケカンバの樹皮は灰白色から橙色で、粗い木肌であり自然にはがれやすいです。

	ポイント	樹皮	側脈	果穂(果実)	生息地	寿命(年)
シラカンバ	平地/樹皮	白	6~8対	下垂れ3~4cm	平地~冷温帯	70~80
ダケカンバ	高山/樹形	灰白色/橙色	7~12対	直立2~4cm	高山/亜高山帯	250~300
ウダイカンバ	葉/樹皮	灰白色	10~12対	下垂れ6~9cm	山地/湿性冷温帯	約200

ブナが芽吹いて若葉を付けると、
森は一気に明るく黄緑に染まる。

ブナ 橅、山毛欅

ブナ科ブナ属 （APG分類体系Ⅳ）

ブナは温帯林の落葉広葉樹で、樹高30mになる高木です。

樹皮は灰白色で滑らか、そこに地衣類が付き独特の模様を描き出します。ブナの成長は遅く、直径が40㎝になるのに約100年かかると言われています。材は堅くまた腐りやすく狂いも大きいため、建築用材としてはあまり利用されない樹木でした。

ブナの葉を見分けるポイントは、側脈の端が鋸歯の凹部に入る点です。この波状鋸歯・葉縁のへこみ部分に側脈が入るものは他にはなく、ブナの特徴となります。

種子は9月頃まで成長を続けて成熟し、通常2個の種子が入る殻斗が先端

光合成を糧にして、秋には多くの種子（堅果）を実らせる。
１つの殻斗に２個の種子が入っている。

から4つに割れて種子が落下します。その実はソバの実に似るため、ソバグリとも言われます。

　ブナの種子は栄養価が非常に高く、種子の30％が脂肪分です。1gあたり7kcalという高カロリーであり、動物たちの最高のごちそうとなります。クマはクマ棚でこの種子を食べ、こぼれ落ちたブナの実はネズミや鳥の主要な食料となります。

　ブナの葉は、西南日本の小葉多数型と東北日本の大葉少数型に区分されます。

　北限に生息するブナは一枚あたりの葉の面積が南限域の約4倍になるなど、南北間で葉の大きさは異なります。また樹齢にも差があり平均的なブナの樹齢が250～300年なのに対し、北限地帯のブナは170年前後の短命と推定されています。

植物の世界には、年によって花および実生の付き方が大きく異なる豊凶現象があります。ブナは5～7年に1度の豊作があり、1本の樹体だけでなく、広範囲にこれが同調する現象が確認されています。他の年は並作や凶作となります。毎年同じ量の実生を付け続けると、昆虫により食べ尽くされるため、これを回避するための方策と考えられています。

「捕食者飽和仮説」は、不成りの年には、種子を食べる昆虫数も少なくなるため、その間隙をつくように、次の豊作時に食べ尽くされない量の種子を作り、生存率を高めるとする説。「受粉効率仮説」は、同時期に他のブナも開花することで、送粉、受粉効率を上げるためとしています。豊凶現象には、植物体内の養分変動や気象条件も関係してくるそうです。今後の研究成果が待たれます。

ブナの黄葉。大量の落ち葉は森の堆肥となる。

自然林を人工林に変えることを拡大造林と言い、その標的の中心となったのがブナ林です。ブナ退治、ブナ征伐とも呼ばれました。伐採後にヒノキ、スギを植え、40年から50年で伐採して木材にすることを目的に、大規模な自然林の破壊が行われました。

環境省データでは1973（昭和48）～1988（昭和63）年の15年間だけで東京都の2倍の面積のブナ林が消されたそうです。

伐採後の跡地は、レジャー施設や工場などへの転用もありましたが、スギを中心に植林が行われ、今ではそのスギ花粉で日本人の大多数が苦しんでいます。その後、ブナ林には保水効果があるため、「森のダム」という呼び名が付けられるようになりました。

胸高直径60cmのブナの木は、約36万枚の葉をつけるというから驚きだ。

ホオノキの花と大きな葉。

ホオノキ　朴木

モクレン科モクレン属　（APG分類体系Ⅳ）

1億年前の白亜紀中期は、針葉樹が繁栄していた時期ですが、この時期を境に広葉樹の隆盛期に入っていきます。針葉樹より進化した広葉樹の違いの一つに送粉方法があります。

針葉樹は風媒花ですが、広葉樹は虫に運ばせる虫媒花の樹木が多く、ホオノキも虫媒介です。一般的には送粉役の虫への報酬（対価）は甘い蜜ですが、ホオノキには蜜は出せません。虫を誘い込む武器（対価）は、花から発する「強い香り」と「食料」としての花粉です。

葉は重ならぬよう輪生状に付き、樹高の成長に栄養を回すため花への投資は遅れ、花の初産は15歳過ぎからとなります。

トチノキ 栃

ムクロジ科トチノキ属 （APG分類体系Ⅳ）

トチノキは沢筋や谷沿いなどを好み、主に冷温帯の山地に生育する落葉高木です。葉はホオノキと並び日本の樹木中では最大級、5～7つの掌状です。初夏に大型で円錐状の房状花序に白い小花を付けます。花から香りと大量な蜜を3日間限定で出し、ハナバチを呼び込みます。ここにトチノキの一つの戦略があります。4日目以降は、蜜を出さずに開花を続けます。

花粉運びをせずに蜜だけを食べる昆虫も多く、蜜泥棒からの防衛策と考えられています。このため3日間だけは、ハナバチだけにわかる目印として花に黄色いマーカーを付け、4日目以降は赤印に変え合図をします。

右下／トチノキの花。
左下／トチノキの葉とその黄葉。

ナナカマドの実が腐らない理由はソルビン酸にあった。

竈に入れてもなかなか燃え尽きないほどの堅さがこの木の特徴。

ナナカマド　七竈

バラ科ナナカマド属（APG分類体系Ⅳ）

秋には鮮やかに紅葉し、赤い実は鳥の食用となり、果実酒や備長炭の材料として利用されてきました。和名は材が堅く七度、竈《かまど》に入れても燃え尽きないところから付きました。

ナナカマドは紅い果肉で鳥を誘《おび》き寄せ、種子を遠くまで運んでもらう種子散布の戦略を持っています。真冬に雪を被った赤い実は特に目立ち、鳥が見つけやすく、食べやすい果実に進化してきました。また鳥の胃を通過するときに、種子に傷が付くことで発芽を容易にさせます。実は葉が落ちた後でも枝に残り、その実はソルビン酸により腐りにくいという仕組みを持っています。

ミズナラ 水楢

ブナ科コナラ属（APG分類体系Ⅳ）

その葉は、長さ10～20㎝と大きくまた鋸歯も大きめです。クマの主食でもあるこの実生は約3㎝、殻斗はお椀形で、これがドングリです。ミズナラの初産年齢は10歳前後（ブナは40歳前後）で早くから遺伝子を残します。実生のドングリはその年の秋に成熟する1年成です。

実生の散布方法は重力散布で、鳥、ネズミなどに種子の運搬を頼る方法です。実にはタンニンが多く含まれ渋みが強く、野ネズミ、リスなどの小動物はこの実を集めると、土中に埋めておいてあく抜きをします。土に埋められたまま埋め主の動物が死んでしまったり、掘り返すのを忘れられてしまったドングリは発芽することができます。この種子の散布方法を貯食型種子散布と言います。

クマの大切な食料となるミズナラ。樹上にクマ棚を見かけることも。

オオシラビソ 大白檜曽

マツ科モミ属 （APG分類体系Ⅳ）

幹は直立し、大きなもので高さ30ｍ、胸高直径90㎝に達します。樹皮は淡い灰色で滑らか。葉は密にらせん状に生えます。葉は扁平で線形。長さ2〜3㎝の葉は、先端がへこむのはモミ属の特徴です。また葉の裏面に白い線状の気孔帯があり、葉痕（葉の抜けた痕）が丸い形をしている点も特徴の一つです。

6月頃花を付け、10月頃には紫藍色の卵のような球果（マツボックリ）を付け、別名アオモリトドマツとも呼ばれるモミの木です。

本州中部の山岳地帯では、シラビソとオオシラビソの両者は通常混生しています。太平洋側の比較的雪の少ない山岳地域ではシラビソが、日本海側の多雪の山岳地域ではオオシラビソが優勢であり、針葉樹の中では、多雪環境に適応した樹種とされています。

東北地方の亜高山帯林にはオオシラビソが圧倒的に優勢です。山形県蔵王では、冬に通称モンスターと呼ばれる有名な樹氷ができますが、これはオオシラビソ（アオモリトドマツ）を氷雪が覆ったものです。

雪に強いと言っても、雪が多すぎるとオオシラビソでさえ生きてはいけません。オオシラビソは積雪4.5ｍ、コメツガは積雪1.5ｍを超えると分布できないと言われ、飯豊山系のように8〜10ｍ近くの積雪となると、オオシラビソをはじめほとんどの高木は、樹形を変えない限り生息できません。

そのため、こうした多雪の偽高山帯ではオオシラビソの空白地帯となっています。それでもハイマツを除けば、オオシラビソは多雪環境に最も強い針葉樹と言えます。

冬季に積雪の多い尾瀬にはオオシラビソの森が広がっている。

球果は直立して付き、中の種子は風に乗って散布される。

葉が枝に付く部分が円形で、吸盤状になるのがモミ属の特徴。

球果はシラビソよりやや大型、色も似るが、先端がシラビソより丸みを帯びる。

約2万年前の最終氷期のピーク時には、氷結のため海水面は現在より100m以上低下しており、対馬海流は存在していなかったと考えられています。約1万年前頃からの温暖化により、対馬海流が日本海を北上し、冬季には大量の雪をもたらすという大きな気候変動が起こります。これにより今まで生息していた多くの針葉樹は壊滅的な状況となり、打撃の中心はトウヒやカラマツ属のグイマツでした。このグイマツは遂に日本では絶滅してしまいます。

当時のオオシラビソは、まだ劣勢な樹木であり、多くの針葉樹が消えた後には、低木林や笹原が成立しました。ここで多雪環境に耐える能力を持つオオシラビソが、広葉樹のブナとともに出番を迎え、山岳地帯の上部、北方へと勢力拡大をはじめます。そして約600年前、本州の最北端・青森県の八甲田山に到達しました。

シカの食害

尾瀬の植物でもシカの食害が報告されています。尾瀬ヶ原の草花の被食やヌタ場の形成だけでなく、針葉樹林も大きな影響を受けています。オオシラビソ、コメツガは剝皮されやすく、枯死した稚樹の9割が剝皮されているとの調査報告もあります。小型の個体が消失することで、将来森の樹木の構成自体が変化する可能性がある、と警鐘が鳴らされています。

オオシラビソとシラビソの見分け方

オオシラビソの葉は密にらせん状に生えて、上から枝が見えません。同じ仲間のシラビソは葉がほぼ2列に付くので枝が見えます。

コメツガ 米栂

マツ科ツガ属（APG分類体系Ⅳ）

日本のマツ科ツガ属は2種のみで、コメツガは日本の固有種です。

コメツガは本州中部では標高1500m以上に生息しています。ツガよりやや寒冷地向きですが、それでも積雪1.5m以上では生息が難しいと言われています。亜高山の針葉樹の中では、尾根や岩場などのやせ地に生息し、条件が良ければ純林も形成します。ツガは温暖地を好み温帯林に分布の中心があるため、コメツガと混生することは少ないです。

冬季は土壌が凍結するため、水を吸い上げることが難しく、葉の表面からの水分蒸発を少なくするために、葉の表層をワックスの役割をするクチクラ

「コメ」の由来は葉の小さを米にたとえたもの（上）。コメツガの樹肌（下）。

コメツガの球果は長さ3㎝ほど。

マツボックリ（球果）をたくさん実らせたコメツガの木。まだ青い。

層でコーティングします。また葉の形を表面積が小さくなるよう、細く針状にする工夫を凝らしています。

日本に自生するマツ科の6属

マツ属―キタゴヨウ、アカマツ、クロマツ、ハイマツ、ゴヨウマツなど
カラマツ属―カラマツ1種（落葉）
トウヒ属―アカエゾマツ、トウヒ、エゾマツなど
ツガ属―ツガ、コメツガの2種
トガサワラ属―トガサワラ1種
モミ属―オオシラビソ、シラビソ、トドマツなど

実生の付き方の特色

ツガよりもコメツガの方が葉も球果も少し小さく、球果は枝に対してまっすぐに付きます。ツガ属の球果は落下せず枝先に数年間残ります。

キタゴヨウは5針葉。門松に使うアカマツは2針葉だ。

帝釈山山頂に生えるキタゴヨウの木。

キタゴヨウ 北五葉

マツ科マツ属 （APG分類体系Ⅳ）

キタゴヨウ（別名ヒメコマツ）は、針葉が5本のためこの名が付き、木材関係者は「ヒメコ」と呼びます。常緑高木で、樹高20～30m、幹の直径50～60㎝に成長します。マツには長枝、短枝があり、短枝は花を付け、子孫を増やす役割です。また根は直根を地中深くまで伸ばせる性質（深根性）があり、尾根や岩上などの乾燥地、やせ地でも生息できる戦略を持っています。

葉は長さ4～8㎝、断面は三角形の針状で先が尖り、5本の三角形の針葉をまとめると円形となります。仲間であるチョウセンゴヨウの実生は「松の実」として、料理などに使われます。

トウヒ　唐檜

マツ科トウヒ属　（APG分類体系Ⅳ）

　トウヒは日本固有種で、分類学的には北海道に生息するエゾマツの変種です。過去には北海道と本州の分布でしたが、気象変動の影響で地理的隔離となり現在に至っています。またトウヒは40mを超す高木に成長する円錐形の常緑針葉樹で、寿命は他の針葉樹に比べ長く400年を超すものもあります。

　最終氷期には本州の広範囲に分布していたエゾマツが、氷期が終わるとともに温暖化のため衰退、本州中部の山岳地だけに残った子孫たちです。今は福島県の吾妻山が北限で、寒冷乾燥には強かったトウヒですが、日本海側の多雪には弱くこの地域より撤退を余儀なくされました。

トウヒ属の球果は下向きに付く。

トウヒは氷河期の生き残りであり、日本の固有種だ。

クロベ　黒檜（別名／ネズコ、クロビ）

ヒノキ科クロベ属　（APG分類体系Ⅳ）

円錐形の樹形となるクロベの樹皮は赤黒く、滑らかで光沢があるため、一目で判別できます。葉はヒノキに似ています。

花は3月下旬～4月、雌雄同株で枝先に付き、雄花は暗い紫色、雌花はオレンジ色、球果は1㎝ほどです。

寒さにも強く、崖、岩場などでも耐える力を持っています。成長が極めて遅いため植林のものはなく、すべて天然林です。稚樹のまま数十年間は下層木として生き、上層の木が枯死したあと、ギャップができるのを待ち続ける陰樹です。

尾瀬の森を歩くと岩の上に落下した種子が成長し、岩を抱くような姿を見

クロベの葉は同じヒノキ科のヒノキの葉によく似ている。

岩を抱きかかえるように生えるクロベの木。「岩盤地植生」と呼ぶ。

ることができます。運良く成木になった樹木は日につきますが、地表面に落ちた種子は動物に食べられたり、乾燥やカビにやられて大半が育つことなく死んでしまいます。しかし、そのはかない命は捕食者たちの生命を支える役割を果たしています。

クロベの名の由来は、葉の裏が白くない檜「黒檜」が訛ったと言われ、別名ネズコは心材の色がネズミ色を帯びることから。それが訛りネズコとなったそうです。北陸の黒部という地名はクロベの木が多いことから付いたものです。東北地方のヒノキの人工林は「溝腐れ病」という病気になり易いため少なく、植栽の樹種はスギ、カラマツやヒバが多いそうです。また樹皮は油脂分が豊富なため着火しやすく、かつては火縄銃の火縄として需要がありました。

モミ、ツガ、トウヒの見分け方①

オオシラビソの球果。モミ属の球果は直立スタイルが特徴。

球果(マツボックリ)で見分ける。

種子を作ることは、すなわち自分の遺伝子を残すことであり、生き物にとっては最も大切な行動です。また種はそれぞれ、進化の過程で獲得した方法で自分の遺伝子を残し種の拡大を目指しています。

同じ針葉樹であっても生殖方法から種子散布方法まで固有のスタイルで遺伝子をつないでいきます。

モミ属、ツガ属、トウヒ属は、ともに球果(コーン)で種子を作りますが、その球果の様子はかなり違いがあります。

モミ属の球果は、通常は木の頂近くに、直立の形で付く。

大きな種子である球果(20〜25㎝)が熟すと、鱗片は一つ一つが

右がトウヒの球菓。
左がコメツガの球果。
大きさの違いに注目。

枝先に付く
コメツガの
球果。

バラバラになり、少しでも遠くへと種子を散布します。

ツガ属の球果は、前年枝の先に付き、下垂れをする。種子が熟すと鱗片の隙間があいて球果ごと落下する。

モミ属のように、鱗片がバラバラな形の種子散布にはなりません。

トウヒ属の球果も枝の先端に付き、垂れ下がることはツガ属と同じ。ツガ属に比べて、球果はかなり大きく細長い形状になる。

球果を並べて比べると違いは一目瞭然ですが、実際に高木に付いている球果の観察は難しいです。

モミ、ツガ、トウヒの見分け方②

葉枕《ようちん》・葉柄《ようへい》から見分ける。
葉が枝に付く部分を「葉枕」という。虫めがねで見ると違いは一目瞭然。

モミ属（オオシラビソ）

モミ属は枝に付くところが吸盤状になっているのが特徴。葉がない円形の窪みは、葉が抜け落ちた跡です。

モミ属のオオシラビソは、尾瀬の代表的針葉樹です。

ツガ属（コメツガ）

葉は小さく先端は窪みもあり、同じ針葉樹のモミ属と似ていますが、葉の付き方には大きな違いがあります。折れ曲がった葉柄が、葉枕に付くところが特徴です。

トウヒ属（トウヒ）

葉枕から直接葉が出ます。葉枕は発達し、盛り上がっています。葉は扁平で、先が尖っているのもトウヒ属の特徴です。尾瀬のトウヒはエゾマツの変種です。

尾瀬のキノコ類

日本には名前のあるキノコだけで数千種が生息し、まだ名前のないものも多数あります。キノコとは生物分類学の名称ではなく、子実体を形成する菌類の総称です。子実体とは、シイタケなどでは食用となる傘部分のことです。

一般的にはキノコは、傘と呼ばれる繁殖器官である子実体と柄（茎）を持ちますが、キノコによっては傘も柄もないものもあります。また菌類は葉緑素を持たず、栄養を他の有機物から吸収して生活する生物の総称であり、生態系では分解者に位置付けられます。

多くの種類が秋に発生しますが、真冬、春先、真夏など、発生時季はさまざまです。

キノコを大きく分けると、

落枝落葉分解菌（ムラサキシメジなど）

菌根菌（マツタケなど）

木材腐朽菌（モミサルノコシカケなど）

糞生菌（マグソタケ、ワライタケなど）

冬虫夏草（セミタケなど）

となります。

尾瀬にはブナの原生林もあり、そこにも多くのキノコが発生します。

サルノコシカケの仲間。

立ち木にも朽ち木にも、林床にもキノコ類が繁殖している。

APG分類体系Ⅳって何？
尾瀬の植物も“住所変更”

1990年代より遺伝子解析が更に進歩し、植物分類学も今までの形態情報による分類体系（新エングラー体系）から、遺伝子系統を考慮した分類（APG体系）に順次変更されています。この遺伝子系統の分類手法は植物だけではなく、動物分類でも見直し作業が行われています。

新分類法はAPG植物分類法であり、最新のDNA塩基配列に基づいた系統研究で、国際標準化されています。

今までの旧体系では、○○科の植物と言われてきたものが、研究成果によっては全く違う系統となるため、今後は植物図鑑なども刷新されることでしょう。

尾瀬の植物も分類（目、科、属）が変更となったものがいくつもあります。

APG（Ⅳ）分類は2016年に公表されましたので、参考までにご覧ください。最初のAPG体系（1998年）から研究者の下で順次更新された体系であり、APG（Ⅲ）から7年ぶりの更新となります。

米倉浩司著『新維管束植物分類表』（北隆館刊／2019年）に準拠しています。

種名	新分類（APG 分類体系Ⅳ）		旧分類（新エングラー）
ジュンサイ	ジュンサイ属	ジュンサイ科	スイレン科
ショウジョウバカマ	ショウジョウバカマ属	シュロソウ科	ユリ科
エンレイソウ	エンレイソウ属	シュロソウ科	ユリ科
キヌガサソウ	キヌガサソウ属	シュロソウ科	ユリ科
バイケイソウ	シュロソウ属	シュロソウ科	ユリ科
コバイケイソウ	シュロソウ属	シュロソウ科	ユリ科
ツクバネソウ	ツクバネソウ属	シュロソウ科	ユリ科
アオヤギソウ	シュロソウ属	シュロソウ科	ユリ科
チゴユリ	ホウチャクソウ属	イヌサフラン科	ユリ科
ホウチャクソウ	ホウチャクソウ属	イヌサフラン科	ユリ科
ニッコウキスゲ（ゼンテイカ）	ワスレグサ属	ワスレグサ科	ユリ科
ハクサンオミナエシ	オミナエシ属	スイカズラ科	オミナエシ科
ホソバコゴメグサ	ココメグサ属	ハマウツボ科	ゴマノハグサ科
オガラバナ	カエデ属	ムクロジ科	カエデ科
コテングクワガタ	クワガタソウ属	オオバコ科	ゴマノハグサ科
マイヅルソウ	マイヅルソウ属	クサキカズラ科	ユリ科
ユキザサ	マイヅルソウ属	クサキカズラ科	ユリ科
ギョウジャニンニク	ネギ属	ヒガンバナ科	ユリ科
イワショウブ	イワショウブ属	チシマゼキショウ科	ユリ科
オゼソウ	オゼソウ属	サクライソウ科	オゼソウ科
キンコウカ	キンコウカ属	キンコウカ科	ユリ科
ノリウツギ	アジサイ属	アジサイ科	ユキノシタ科
ツルアジサイ	アジサイ属	アジサイ科	ユキノシタ科
ウメバチソウ	ウメバチソウ属	ニシキギ科	ユキノシタ科
ギンリョウソウ	ギンリョウソウ属	ツツジ科	イチヤクソウ科
シャクジョウソウ	シャクジョウソウ属	ツツジ科	イチヤクソウ科
クガイソウ	クガイソウ属	オオバコ科	ゴマノハグサ科
ヨツバシオガマ	シオガマギク属	ハマウツボ科	ゴマノハグサ科
ウリハダカエデ	カエデ属	ムクロジ科	カエデ科
トチノキ	トチノキ属	ムクロジ科	トチノキ科
アマドコロ	アマドコロ属	クサキカズラ科	ユリ科
ナルコユリ	アマドコロ属	クサキカズラ科	ユリ科
イチヤクソウ	イチヤクソウ属	ツツジ科	イチヤクソウ科
オオバコ	オオバコ属	オオバコ科	ゴマノハグサ科

尾瀬の哺乳類

おぜのほにゅうるい

　植物のみならず、尾瀬には多くの生き物、種が生息しています。多くの種が生息しているということは、多くの生活空間があるということです。私たちはそれを可能な限り侵さないようにしなくてはなりません。ここからは動物を紹介します。

　大型の哺乳類はツキノワグマ、ニホンカモシカで、尾瀬やその周辺の山々に生息していますが、人の気配を察知して素早く移動するために、ハイカーが姿を直接見かける機会はなかなかありません。しかしフン、足跡などを登山道、湿原などで見かけることはできます。近頃は湿原でのニホンジカのヌタ場、足跡は特に多く見られます。尾瀬に生息する哺乳類は、現在までに34種が確認され、種の数ではネズミの仲間、モグラの仲間、コウモリの仲間が多く生息しています。

　また近年、元々は生息していなかったイノシシの侵入も確認されています。尾瀬ヶ原ヨシッ堀田代で成獣の白骨化死体が発見されたのです（「尾瀬の自然保護」35号）。沼山峠周辺で、シカ侵入防止のため取り付けた撮影機器に、シカのみならずイノシシが写り込んでいたとの報告もあります。

　イノシシは雑食性で、植物の根（茎）なども掘り起こして大量に採食します。泥浴びや掘り起こしによる湿原の攪乱はシカの比ではありません。

木道を歩くアナグマ。写真提供／尾瀬保護財団

［確認された主な哺乳動物］

ネズミの仲間

数ではヒメネズミやアカネズミが優勢であり、ヤチネズミやハタネズミなど現在6種のネズミが確認されています。

モグラの仲間

ミズモグラ、ヒミズなど現在5種が確認されています。

コウモリの仲間

11種のコウモリが確認され、尾瀬の名が付くオゼホオヒゲコウモリもいます。

他の哺乳類たち

ツキノワグマ、ニホンカモシカ、ニホンジカ、ホンドキツネ、ホンドタヌキ、アナグマ、ニホンイタチ、ホンドテン、ホンドオコジョ、ニホンリス、ニホンヤマネ、ニホンノウサギ

折った枝を尻に敷いた跡がクマ棚。
写真提供／杉原勇逸

ツキノワグマ 月輪熊

クマ科クマ属

嗅覚が優れ人の気配を察すると逃げ出しますが、視力が弱く、人との出会いがしらにトラブルを起こすケースがあります。体長120〜180㎝、体重50〜100㎏の本州最大の哺乳動物です。雑食性でドングリも食べ、ミズナラの樹上に作る鳥の巣のようなクマ棚が尾瀬ではよく見られます。

尾瀬はツキノワグマの生息地域です。ハイカーによる目撃事例は年間100件近く寄せられています。研究者によれば特別保護地区内には、20〜40頭の範囲で生息と推定されます。キャンプの残飯やお弁当の残りは必ず持ち帰りましょう。

ツキノワグマは尾瀬に普通に生息する(下田代にて)。写真提供／杉原勇逸

特別天然記念物指定以降は頭数も
増加傾向にあるニホンカモシカ。

ニホンカモシカ　日本氈鹿

ウシ科カモシカ属

シカの仲間ではなく、体長1m、体重30～40kgの偶蹄類であり、国の特別天然記念物に指定されています。ミズナラやブナなどの落葉広葉樹林を好む日本の固有種です。標高1000m以上の岩場やハイマツ帯にも現れます。

オス、メスともに10～15cmの角がありますが、生え替わることはありません。ニホンカモシカは立ち止まってフンをする傾向があり、粒状のフンが固まりの状態となり、フィールドサイン（p146）の目安にもなります。

眼の下側から出る分泌物を枝などに付ける行動は、縄張りの主張をしているのだ、と言われます。

ニホンジカ

日本鹿

シカ科シカ属

シカによる湿原の攪乱や高山植物の食害が目立ちますが、もともとは尾瀬内の生息数は少なかったようです。林縁に棲息する動物で、冬期の積雪が1mを超える所は避ける傾向があります。

体長110〜170cm、体重60〜80kg。オスは毎年春先に角が生え替わります。夜行性であり、草やササ、樹木の葉、樹皮などを食べます。また、威嚇や求愛、危険を知らせるなど13種の声があるそうです。ニホンジカの上あごには歯はなく、下あごにあるナイフのような歯で草を噛み切ります。

撮影者との距離3m、登山道。人を全く恐れず（撮影地/尾瀬大清水付近）。

夜行性で、嗅覚・聴覚が良く、神経質なため、出会えるチャンスは少ない（撮影地/片品村戸倉地区）。

ホンドキツネ　本土狐

イヌ科キツネ属アカギツネ

アカギツネの亜種とされる、日本人に馴染みのあるキツネです。体長50～80㎝、体重は4～7㎏。雑食性で、昆虫、果実、野菜、ネズミ、鳥、家畜などを食べます。亜高山帯から平地まで生息しています。

イヌと同様に嗅覚や聴覚に優れ、用心深く神経質なため、尾瀬で会うことはかなり難しいです。恐らく、人の気配を先に察知して身を隠しているのでしょう。縄張りを持ち、家族単位で巣穴生活をします。ほぼ夜行性で、スキー場などの開けたところでも、ネズミなどの餌を求めて行動します。

ホンドタヌキ　本土狸

イヌ科タヌキ属

日本を含む極東地域に生息する世界的には珍しい部類に入る小哺乳類です。本来は森林の水辺に生息する夜行性で体長50～60cm、体重3～10kg。雑食性で魚、カエル、鳥、ネズミ、昆虫、植物など幅広く食べます。冬眠をせず、秋には脂肪分を増やし、番《つが》いは生涯続きます。

巣穴では家族で生活し、そこから出かけて餌を探すとされます。現在では、生息地域が人家のあるところまで広がり、床下に巣穴を作ったり、交通事故に遭うなどの軋轢が多くなっています。

危険を感じると一時的に気を失うことも。撮影／飯島正広

日中の尾瀬ヶ原木道でばったり遭遇。写真提供／尾瀬保護財団

ホンドテン　本土貂

イタチ科テン属

警戒心が強くまた夜行性のため、人の目にはつきにくいイタチの仲間です。体長50㎝。夏には黒っぽい顔が、冬には白く変わります。小動物（ウサギ、ネズミ、鳥など）を主食にする森のハンターです。北海道、佐渡ヶ島では外来種になります。

日本全国に分布しますが、標高1800ｍくらいまでの森林が中心です。地上では素早い身のこなしで、カエルやハチ、樹上ではリスや鳥の卵やヒナなども狙う獰猛《どうもう》さも持ち合わせています。また秋にはサルナシやマタタビの実も食べるそうです。

ニホンノウサギ

ウサギ科ノウサギ属

日本野兎

体長50㎝、体重1.5～2kgの小動物で毛は褐色。積雪の多い日本海側に生息するノウサギは、秋に体毛が白色に抜け替わります。冬眠の習性はありません。植物食が中心で草や樹皮を食べ、人工林の樹皮も食べるため、害獣駆除の対象となり、また生息地の減少により生息数を減らしています。

低山地から亜高山帯まで広く生息します。本来は夜行性ですが、尾瀬でも運が良ければ、昼に見られることもあります。群れでなく単独の行動が多いです。捕食者であるイタチ類や猛禽類などの餌動物でもあり、1歳までの生存率は高くなく、自然界での寿命は2～3年と見られています。

天敵は猛禽類とテンやオコジョ。
撮影／松木鴻諮

尾瀬沼湖畔の木道から顔を見せるオコジョ。冬は真っ白な毛に変身。写真提供/鍋山智之

ホンドオコジョ　本土オコジョ

イタチ科イタチ属オコジョ種の亜種

出会うのが難しい上に俊敏な動きのため見ることができた方は、とても幸運です。愛らしい姿ですが、野ネズミ、ウサギなどまで襲う肉食獣です。冬毛は白、夏毛は濃い茶色の保護色に替わります。イタチの仲間では最も小型で体長15㎝程度です。

ニホンヤマネ　日本山鼠

ヤマネ科ヤマネ属

体長7～8㎝、体重15～20gの夜行性の動物で一属一種、日本の固有種であり遺存種で、また国の天然記念物にも指定されています。冬眠中は呼吸数、心拍数を低下させ体力の消耗を防ぎます。食性は昆虫、果実、木の芽が中心です。

ムササビ同様に樹上で暮らします。図鑑によると、標高2640m地点で確認された例もあるなど、高山地帯に棲みます。名前の由来は山に棲むネズミだから。木の洞穴を巣穴としています。

冬眠中のニホンヤマネ。
写真提供／尾瀬保護財団

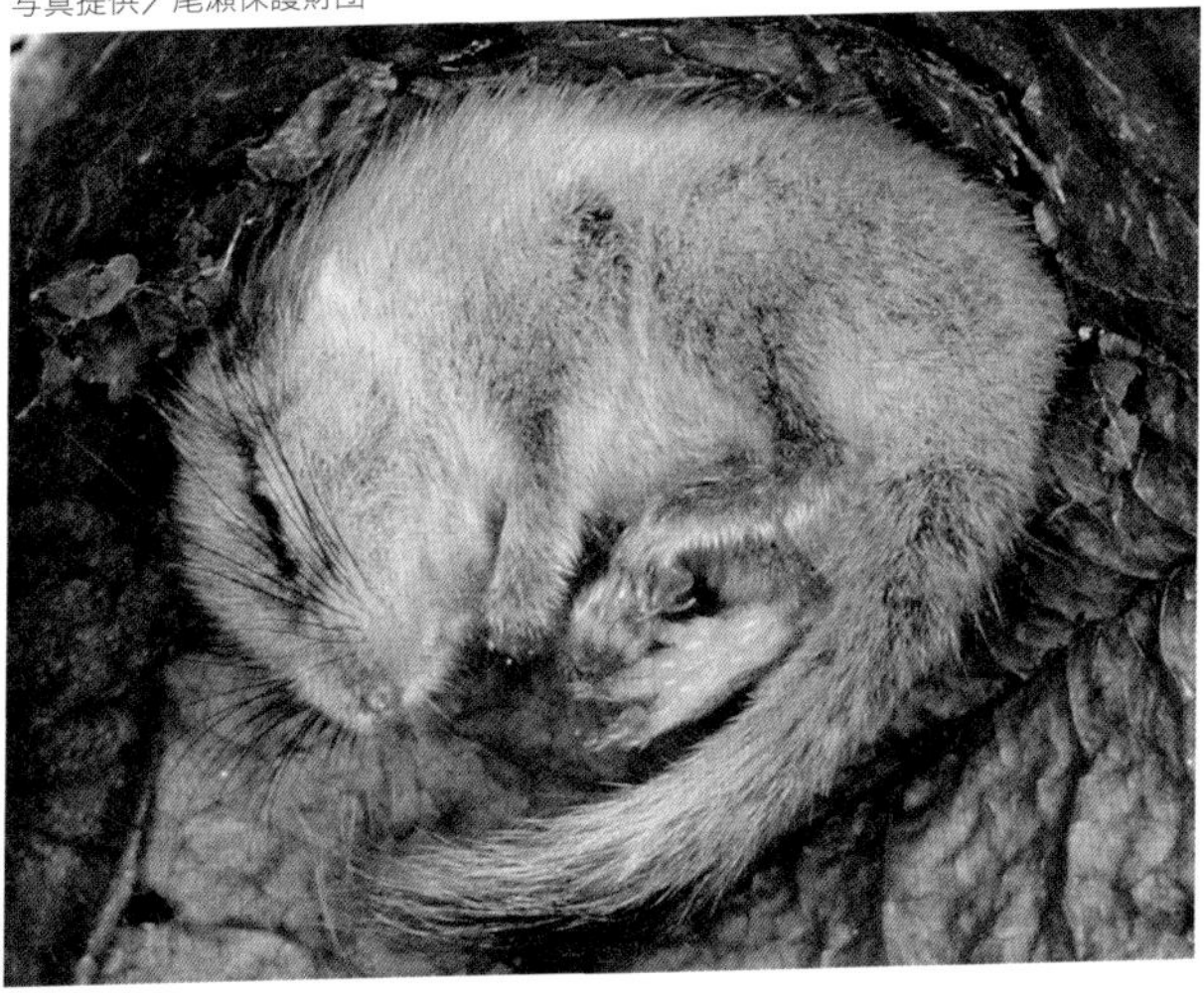

主に樹上で生活するニホンリス。
撮影／久保田 修

ニホンリス　日本栗鼠

リス科リス属

亜高山帯までの森林に生息し、マツの種子やドングリ、クルミ、キノコなどを主食にする日本の固有種です。夏毛は赤褐色、冬毛は灰色に変わります。

体長約20㎝、体重約300gの昼行性動物です。猛禽類やテンなどが天敵で、野生の個体の寿命は3〜5年です。全国に生息していましたが、その範囲が狭められ、九州、中国地方ではほぼ絶滅に近い状態です。ドングリなどを土に埋める習性があり、リスが死んだり、埋めた場所を忘れてしまったりした木の実は、母樹より離れた所で発芽できるため、種子散布、森作りに貢献しています。

ホンドヒメネズミ

本土姫鼠
ネズミ科アカネズミ属

頭胴長7～10㎝、尾の長さ7～10㎝、体重10～15gの小さなネズミの仲間。森林の落葉の下を好んで生息し、種子や果実、節足動物を食料としています。

ホンドヒメネズミとアカネズミは代表的な森林の野ネズミです。ヒメネズミの尾はアカネズミより長いのが特徴です。秋になるとブナなどの実を穴に集め、落葉で蓋をした木の実の貯蔵庫をいくつも作り冬に備えます。

ホンドヒメネズミも日本の固有種。
撮影／飯島正広

フィールドサイン《ふぃーるどさいん》

尾瀬を注意深く歩くと、普段なかなか見ることのできない動物たちの形跡を発見できます。足跡、木の幹に残されたツメ跡、食痕、フン、巣、坑道、抜け殻など生きものたちの行動の一部が見えます。また雪原ではリスやキツネ、ウサギなど冬眠をしない動物たちが動き回った足跡（アニマルトラック）が観察できます。このような動物の生息痕跡をフィールドサインと言い、たくさんの情報が詰まっています。

　よく見られるものにクマ棚があります。ツキノワグマは木に登ってミズナラの実生を食べるため、折った枝を尻に敷く習性があり、樹上にある棚状のものはその痕跡です。また木道のような目立つところに残された動物のフンは、縄張り＝テリトリーを示すものと思われます。キツツキにとっては枯れた樹木は、森のレストランのようなものです。樹木に空いた穴は、キツツキの仲間が中にいる幼虫を探した跡です。直接会えなくても、フィールドサインは、その場所で野生動物がどんな行動をしていたかが読み取れる生活痕とも言えます。

ニホンジカの足跡。

ニホンジカのフン。

厳冬の大江湿原、新雪の上にホンドキツネの足跡。撮影／谷川洋一

尾瀬の鳥類《おぜのちょうるい》

尾瀬は森林、湿原、渓流、高山、草地、河川などと変化に富んでいます。鳥類にとっては豊富な餌、身を隠せる樹林と、絶好の環境にあり、種類も豊富で１００種を超える野鳥が確認、記録されています。その中にはモズ科のアカモズ、チゴモズ、ハヤブサ科のハヤブサ、タカ科のイヌワシやクマタカなど「種の保存法」で指定されている絶滅危惧種も多く含まれています。

鳥の多くは5～11月まで尾瀬で生息し、冬を前に里への移動や渡りとなり尾瀬を離れていきます。

草地を中心に

ホトトギス、カッコウ、ホオアカ、ノビタキ、イワツバメ、ツツドリ、ヒバリなど

森林を中心に

アカゲラ、コマドリ、コゲラ、ウグイス、ゴジュウカラ、オオルリ、アオゲラなど

高山を中心に

ホシガラス、イワヒバリ、ビンズイ、カヤクグリなど

湖沼を中心に

カイツブリ、マガモ、カルガモなど

のんびりと羽を休めるカルガモの親子。尾瀬沼にて。

カッコウ　郭公

カッコウ科カッコウ属　全長35cm

ホオジロやモズの巣に托卵する鳥として有名です。昆虫食（毛虫）が中心。尾瀬では5月下旬～7月頃まで声を聞くことができます。別名を閑古鳥とも。写真提供／杉原勇逸

ヒバリ　雲雀

ヒバリ科ヒバリ属　全長17cm

湖沼、河原、草地はじめ山岳地帯まで各地に生息。繁殖期のオスは、上空高く長時間のホバリングをしながらさえずりますが、これは縄張り宣言と考えられています。巣は地上に作ります。

ホオアカ　頬赤

ホオジロ科ホオジロ属　全長15～16cm

尾瀬の湿原でよく観察できるスズメほどの大きさの鳥。頬が赤茶色なのでこの名が付きました。尾瀬の木道では早朝から鳴き声を聞くことができます。

ノビタキ　野鶲

ヒタキ科ノビタキ属　全長13cm

東南アジアから渡ってくる夏鳥で昆虫類を捕食します。成鳥のオスは頭が黒、お腹が白、喉元はオレンジ色が特徴。メスの羽は濃い茶色が基調。尾瀬ではよく観察できる鳥の一つです。

イワツバメ 岩燕

ツバメ科ツバメ属　全長14cm

岩壁や山小屋の軒先に集団で営巣するツバメの一種。町で見るツバメより小型で尾も短めです。高速で飛翔し空中で昆虫を捕獲します。

カケス 懸巣

カラス科カケス属　全長33cm

全国に生息する留鳥。食性は雑食(昆虫、種子、他のヒナ鳥など)。地面にミズナラなどのドングリを蓄え、冬に備える習性があります。貯食の箇所に戻らなかった場合は、ドングリは発芽し森の再生に寄与するそうです。

アカゲラ

赤啄木鳥

キツツキ科アカゲラ属　全長25㎝

お腹の上部と頬が白く、雄は後頭部が赤色をしています。背中に白黒のまだらが目立つキツツキの仲間です。小刻みに幹を突つくドラミングで縄張りを主張し、昆虫、植物の種子などを食べます。

コゲラ

小啄木鳥

キツツキ科アカゲラ属　全長15㎝

スズメと同程度の大きさで、キツツキの仲間では最も小さいです。食性は雑食ですが昆虫が多く、山間部のみならず都市部でも散見します。ドラミングの音もアカゲラと比べると小さいです。

モズ　百舌鳥

モズ科モズ属　全長20cm

開けた森林や河畔林、湿地などに生息。留鳥または漂鳥。カギ型の鋭いくちばしと長い尾羽が特徴。尖った小枝にバッタやカエルなどの獲物を串ざしにする習性（はやにえ）があります。樹上から地表の獲物を襲います。

ウグイス　鶯

ウグイス科ウグイス属　全長15cm

山地の笹藪を好み全国に分布する留鳥または漂鳥。さえずりは「ホーホケキョ」、地鳴きは「チッチ、チッチ」と、か細い声です。ホーホケキョは縄張り宣言や求愛、警戒音はケキョケキョ（谷渡り）のようです。

ゴジュウカラ　五十雀

ゴジュウカラ科ゴジュウカラ属　全長13cm

留鳥で木の幹に垂直にとまり、頭部を下にして幹を回りながら降りる習性は特徴の一つです。食性は雑食（昆虫、クモ、種子）。非繁殖期には同じカラ類のシジュウカラなどと混群を形成することがあります。

シジュウカラ　四十雀

シジュウカラ科シジュウカラ属　全長14cm

全国の平地から山地、また冬期には市街地、住宅地で見ることが多い鳥です。早い時期から「ツーピー」と繰り返しさえずり始めます。黒いネクタイ姿がシジュウカラの特徴の一つです。

ヒガラ 日雀

シジュウカラ科シジュウカラ属　全長11cm

全国に漂鳥、留鳥として生息。山地、亜高山帯の針葉樹林に生息します。秋期はコガラなどシジュウカラ科の他種などと混群を形成することもあります。食性は雑食(昆虫、クモ、草木の種子〔カラマツなど〕)。

メボソムシクイ 目細虫喰

メボソムシクイ科メボソムシクイ属　全長13cm

眼の上の白線が細い眼を思わせることから名が付いたウグイスの仲間。ウグイスより尾が短い。標高1500m以上の亜高山帯に多く、尾瀬では5月上旬よりさえずります。鳴き声は「銭取り、銭取り」とも聞こえます。

ハクセキレイ　白鶺鴒

セキレイ科セキレイ属　全長21㎝

山間部の水辺で、長い尾を上下に振りながら歩き回ります。セグロセキレイは眼の下側から頬、肩、背にかけて黒い部分がつながりますが、ハクセキレイの眼の下は白色であり、違いが判別できます。

キセキレイ　黄鶺鴒

セキレイ科セキレイ属　全長20㎝

繁殖期には山地の水辺に生息し昆虫をエサとしています。雄は特に縄張り意識が強く、ハクセキレイを追いかけ回して縄張り争いをすることもあります。山小屋の屋根から縄張りを宣言するように鋭い声を発していました。

マガモ 真鴨

カモ科マガモ属　全長60㎝

冬鳥として全国的に渡来するカモの一種。オスは白い首輪とともに、黄色のくちばし、緑色の頭が特徴です。

カワウ 川鵜

ウ科ウ属　全長80㎝

尾瀬沼では浅瀬や岸で翼を広げている姿がよく見られます。水鳥は尾脂腺から分泌する脂を使い羽毛をコーティングしますが、ウは尾脂腺が余り発達していなく、潜って漁をしたあとには、丹念な天日干しが必要だそうです。

ダイサギ　大鷺

サギ科アオサギ属　全長89cm

ダイサギはアオサギと並び大きく迫力があります。雑食性（昆虫、蛙、魚、他のヒナ鳥など）であり、湖沼や湿地で首を「S」字に曲げ、獲物に狙いを定めます。脚は黒、嘴の色は夏に薄黒、秋からくすんだ黄になります。

カルガモ　軽鴨

カモ科マガモ属　全長60cm

河川や湖沼・湿地・水田など身近な場所で繁殖をしているため、都市部の水場でも見ることはできます。嘴の先端が黄色なのが特徴の一つ。水草などを好みますがザリガニ、小魚なども食べるようです。

オオバン 大鷭

クイナ科オオバン属　全長39cm

平地の湖沼では一年中見られますが、尾瀬沼では珍しいかもしれません。30羽以上の群れが悠然と泳いでいました。頭や首は黒い羽毛で覆われ、白い額が目立つ(上嘴から額にかけて白い肉質〔額板〕で覆われる)のが特徴。

カイツブリ 鳰

カイツブリ科カイツブリ属　全長26cm

潜水が大得意で、小魚、エビ類、水生昆虫などを食べています。日本では全国に分布しています。大きさはカルガモの半分ほどの水鳥で、平地の池や河川にも生息。親鳥が背中にヒナを乗せて移動します。

ヤマアカガエル。

尾瀬の両生類・爬虫類

おぜのりょうせいるい・はちゅうるい

尾瀬地域には両生類、爬虫類が何種か生息しています。両生類のサンショウウオの観察はなかなか難しいですが、尾瀬の池溏を覗き込むと、アカハライモリが尾をくねらせながら泳ぐ姿は容易に見ることができます。またカエルは7種の生息が確認されています。爬虫類の種類は少ないですが、野ネズミが多いこともあり、ヘビの数は多いと考えられています。

主な両生類・爬虫類

トウホクサンショウウオやハコネサンショウウオなどの有尾目が4種、モリアオガエルやカジカガエルなど無尾目が7種生息しています。またヤマカ

雨に濡れた木道に上がってきたアカハライモリ。隣の池溏に移動中？

ガシやシマヘビ、マムシなどの爬虫類も生息しています。

爬虫類も生息している。こちらはニホンカナヘビ（上）とシマヘビ（右）。

尾瀬の魚類

おぜのぎょるい

尾瀬沼は標高1660m、また尾瀬ヶ原は標高1400mであり、亜寒帯気候のため気温、水温は年間を通じて低い状態です。

現在確認されている淡水魚は10種程度と少なめです。尾瀬ヶ原の拠水林の川ではイワナやウグイの泳ぐ姿を必ず見ることができます。イワナが多く生息できることは、それだけ餌となるトビケラやカワゲラなどの水生昆虫や、河畔樹から落下する昆虫が多いことを示しています。

尾瀬沼にはギンブナやヤマメ、アブラハヤ、ドジョウ、コイ、ワカサギなども生息し、木道、橋の上からでも観察できます。このうちの多くが長蔵小屋の平野長蔵氏によって、養魚されたものの末裔たちと考えられています。

尾瀬に棲む淡水魚の代表
イワナ（サケ科イワナ属）

渓流釣りをする方には垂涎の的でしょうが、尾瀬では禁漁です。イワナはもともと尾瀬に生息していたと考えられています。

日本のイワナ類のほとんどが一生を淡水で過ごす魚です。河川の最上流の冷水域などに生息する場合が多く、肉食性で、動物性プランクトン、水生昆虫、他の魚、河畔樹木から落下する虫、その他の水底の小動物などを餌としています。

渓流に生きるイワナは、餌の少ない川の上流で生き残るために、ヘビ、サンショウウオ、カエル、セミ、ハチも食し、そして共食いも行う獰猛《どうもう》な性質を持ち合わせています。古くから山里の人たちはイワナを畏《おそ》れ、〝ケモノ〟と呼んできたほど気性の荒い渓流魚です。中には50㎝を超える〝川の主〟のような大型のものも生息すると言います。

尾瀬沼を泳ぐギンブナの群れ。
他にもヤマメなどがいる。

尾瀬の川の中を泳ぐイワナ。
写真提供／尾瀬保護財団

尾瀬のチョウ

おぜのちょう

花の蜜を吸うキアゲハ。尾瀬には
多くの種類のチョウが生息。

日本には約240種のチョウが生息すると言われています。

広大な湿原、草原、雪田草原、オオシラビソやブナの樹林帯などで棲み分けをしながら、多くの美しいチョウが舞う尾瀬。

ここには、日本全種の4分の1にあたる60種を超えるチョウが生息しています。また吸蜜を通じ、植物の送粉の手助けをしています。

チョウの仲間は食草が偏《かたよ》る狭食性のものが多く、また吸蜜行動も限られた植物種への訪花になる傾向があります。しかし尾瀬はそれを受け入れられるだけの植生の多様性を持っています。

森林性のチョウ、草原性のチョウ、雪田草原のチョウなどがおり、尾瀬はまさにチョウの楽園です。

フタスジチョウ　二筋蝶

コヒョウモン　小豹紋

アカタテハ　赤立羽

ヒメシジミ　姫蜆

ベニヒカゲ　紅日陰

アサギマダラ　浅葱斑

オオチャバネセセリ　大茶羽挵

キベリタテハ　黄縁立羽

クロヒカゲ　黒日陰

クジャクチョウ　孔雀蝶

尾瀬のトンボ

おぜのとんぼ

山ノ鼻で見かけたアキアカネ。
尾瀬はトンボにとっての楽園。

尾瀬には池溏や湿原、沼などトンボの生息に適した水域が多く、約50種を超えるトンボが確認されています。またその半数以上が北方系の種と同定されていますが、ここ尾瀬は北方系種の南限となっています。最も注目すべき点は、北方系種のトンボの南限地であると同時に、南方系のトンボの北限地であることです。また日本で見られる北方系高山性のトンボを、日本一多種類、観察することが可能です。

尾瀬にはさまざまな大きさの池溏があり、ここに幼虫(ヤゴ)が深さによって棲み分けをしています。

体長2㎝と日本で一番小さく南方系といわれるハッチョウトンボは、北限地域とされる尾瀬ヶ原でも見ることができます。

ハッチョウトンボ（雌） 八丁蜻蛉

ハッチョウトンボ（雄） 八丁蜻蛉

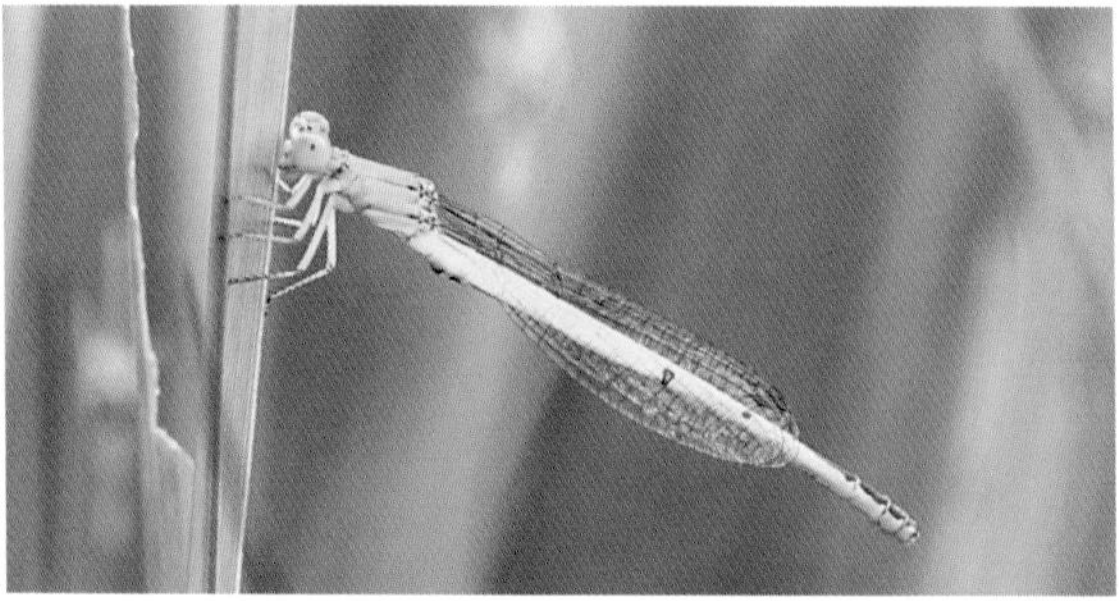

キイトトンボ 黄糸蜻蛉

イトトンボの仲間 糸蜻蛉

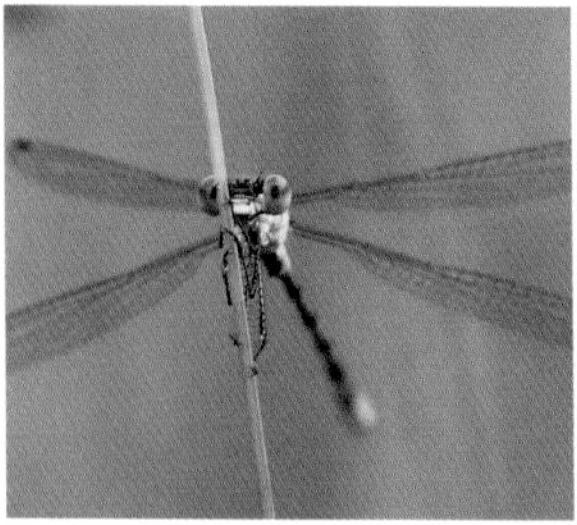

イトトンボの仲間 糸蜻蛉

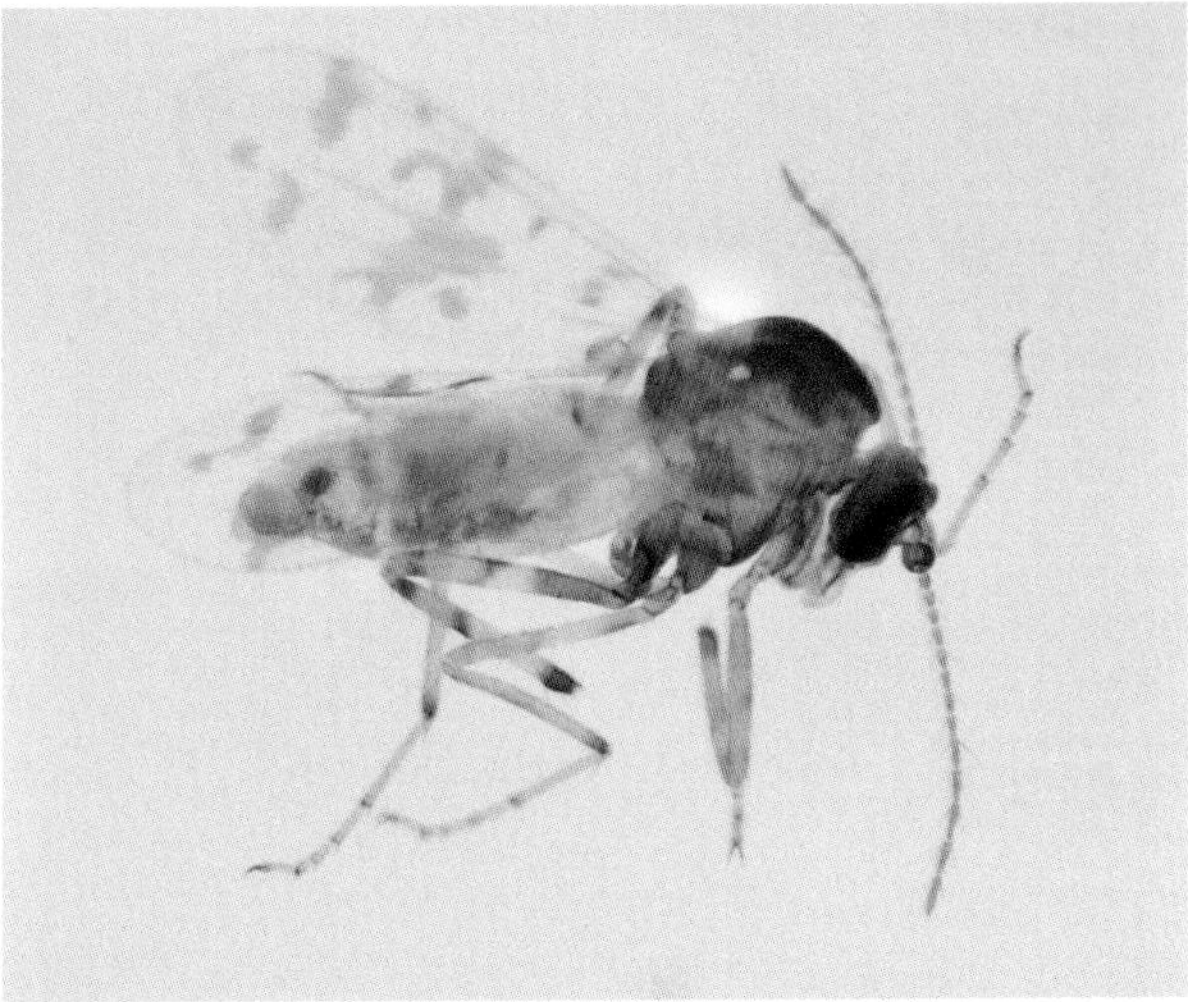

オゼマダラモンヌカカ　ヌカカ科　学名　Monohelea ozeana sp. nov.
2019年新種発見。写真提供／群馬県立ぐんま昆虫の森　金杉隆雄

尾瀬の他の昆虫など

おぜのたのこんちゅうなど

尾瀬には多くの昆虫が生息しますが、詳しくはまだわかっていないことも多いです。チョウ、ガ、トンボ、セミやハチ、アブ、甲虫類また水生昆虫などを含めると少なくとも数千種以上の単位となるでしょう。河畔に生息するイワナの好物であるトビケラの仲間で40種以上、カワゲラの仲間で20種以上と言われ、昆虫の宝庫となっています。昆虫にとって森林、草原、池溏、湿原は絶好の棲みかであり、尾瀬に多くの昆虫が生息できるのは、この生息環境の多様性があるからです。上の写真は尾瀬ヶ原で発見された新種のヌカカ。和名は発見地に因んだもの（体長1㎜）。

シラフヒゲナガカミキリ　白斑髭長髪切

オオミズアオ　大水青

イタドリハムシ　虎杖葉虫

コクワガタ　小鍬形

イナゴ　稲子

コエゾゼミ　小蝦夷蝉

ダイセンヤマナメクジ　大仙山蛞蝓

※昆虫ではありませんが。

ヤブキリの仲間　藪螽蟖

SDGsと尾瀬の希少な動植物

第4次尾瀬総合学術調査で確認された自生維管束植物のうち、30種以上は環境省より絶滅危惧種に指定され、また尾瀬が立地する群馬、福島など各県による指定種を含めると絶滅危惧種は200種を超えます。尾瀬の植物相の特徴は日本海要素および北方系要素（隔離分布）の植物が多く生息していることです。

SDGsって何ですか?

昨今SDGs（持続可能な開発目標）という言葉が街なかでも聞かれるようになりました。外務省HPによれば、SDGsは2015年9月、国連サミットで、日本を含む国連加盟諸国が全会一致で採択した世界的な目標の一つです。2030年までに持続可能なより良い世界を目指すための国際目標であり、「持続可能な開発のための2030アジェンダ」との名称で記載されました。2030アジェンダ（目標）には「カーボンニュートラル」の目標のみならず、達成すべき17アジェンダ（目標）と169のターゲットが定められています。

SDGs目標No.15「陸の豊かさも守ろう」

15番の目標（アジェンダ）に「陸の豊かさも守ろう」の項目があります。「絶滅危惧種の保護と絶滅防止のための対策を講じる」という生態系保護に関わるターゲットがあり、絶滅に瀕する動植物が健全に生息できるよう、周辺の

小至仏山に咲く蛇紋岩変型植物のホソバヒナウスユキソウ。絶滅危惧種Ⅱ類(VU)。

環境整備が国際的にも求められています。

絶滅危惧種と尾瀬

尾瀬は「生きもの」の宝庫とも呼ばれています。尾瀬に生息する植物相は、北方系植物(主に氷河期の遺存種)をはじめ、南方系、日本海型など国内で同定されている高等植物種の2割近くが確認(1000種以上)されるなど、まさに植物の宝庫です。またオゼコウホネのように尾瀬で発見され、「オゼ」という和名や学名の付いた動植物は30種以上もあります。トンボやチョウも多く生息し、国内の3割近くが確認、鳥類も国内生息の4割近くが尾瀬で確認されています。

生きものの種数が多いということは、尾瀬では複雑な生態系が維持されていることを意味します。多数の種類の生

オゼヌマアザミ

尾瀬沼薊

絶滅危惧II類（VU）

キンロバイ

金露梅

絶滅危惧II類（VU）

ナガバノモウセンゴケ

長葉の毛氈苔

絶滅危惧II類（VU）

オゼコウホネ 尾瀬河骨

絶滅危惧II類（VU）

ハッチョウトンボ（雄） 八丁蜻蛉

絶滅危惧I B類（群馬県）

アカハライモリ 赤腹井守

準絶滅危惧（NT）

きものが生息する「生きものの多様性」は、自然と生きものが織りなす絶妙の

至仏山に咲く日本の固有種で、一属一種のオゼソウ。絶滅危惧Ⅱ類(VU)

バランスの中で命をつないでいます。デリケートな均衡は、わずかな環境変化でも大きなダメージとなり、致命的な種の破壊までつながってしまいます。

第4次尾瀬学術調査でも、多くの生きものが確認されました。植物相のみならず、野鳥やチョウ、トンボも絶滅危惧種に数多く指定されています。

尾瀬に多様な絶滅危惧種が生息するという意味は、尾瀬が絶滅危惧種たちの「最後の拠り所」ということです。脆弱な絶滅危惧種の宝庫であり、特別天然記念物である尾瀬は国民の共有財産です。この自然を将来受け継ぐ権利を有する次世代の人々に、そのままの姿で残すべきものと思います。生きものに対し的確な保護対策が国際的に求められている時代です。「尾瀬の保護」はまさにSDGsそのものです。

トキソウ　朱鷺草

準絶滅危惧（NT）

クモイイカリソウ　雲居碇草

絶滅危惧II類（VU）

尾瀬を楽しむ

――見どころ満載の尾瀬――

尾瀬を歩く

5月中旬〜10月中旬が、尾瀬の「旬」の時期と言えます。

尾瀬は尾瀬ヶ原（標高1400m）、尾瀬沼（標高1660m）の湿地帯を核として、福島県（南会津町、檜枝岐村）、群馬県（片品村）、栃木県（日光市）、新潟県（魚沼市）の2市1町2村に位置します。尾瀬には自然保護の規制が弱い普通地域は全くなく、全地域が特別地域という地種に区分され、自然の保護が義務付けられています。また寒冷、豪雪の気象、高山や亜高山帯地域という脆弱な自然環境の地です。

尾瀬は躍動感ある多くの生きものと湿原や可憐な花、そして景観を楽しむところです。1000種を超える植物のみならず、小さな虫やチョウ、トンボ、鳥の種類も多く生息しています。

またオコジョやヤマネといった小動物にも出会える可能性もあります。

体を鍛えるための登山であれば、北アルプスの槍ヶ岳や劔岳などに行かれれば良いのであり、尾瀬は走り回るところでもありません。またブームに乗って訪問するところでもありません。自然を楽しみ、草花を楽しみ、生きものを見て楽しむところです。

尾瀬の「北方系の植物」は、氷河期を越え孤立状態で生息する日本の南限と言われ、生存限界のぎりぎりで生き残っています。ゆっくりと静かに堪能

至仏山と尾瀬ヶ原。

ミズバショウ咲く尾瀬ヶ原。

尾瀬ヶ原の池溏に咲くヒツジグサ。

してください。そしてぜひ生きものの不思議さも味わってください。まさに尾瀬は生きものの博物館なのです。事前に学習をした上で訪れることをお勧めします。

絶景スポット満載、尾瀬を囲む山々

夏季〜初秋は登山・ハイキング、春先は尾瀬周辺で山スキーが楽しめます。

尾瀬には湿地帯を取り囲むように2000m級の山々があります。周辺の山々から見る湿原はまるで箱庭のような絶景が堪能できます。高山植物が咲き乱れる心地よい空間をぜひ味わってください。

どの山々も北アルプスのような急峻な場所は多くはありませんが、山岳地域のため気象変化は激しく、短時間の豪雨や落雷、また冬季は豪雪が積もる地域です。気象状況には細心の注意を

小至仏山より尾瀬ヶ原と燧ヶ岳を望む（４月下旬）。

払い、安全登山を心がけてください。

軽装登山による事故や、木道上の転倒で多くのケガ人が毎年多数発生しています。死者数は少ないものの、尾瀬における ケガ人は群馬県内の山岳地域で最も多く、例年70～80件の負傷事故が報告されています。なお全山クマの生息地域です。早朝の単独歩行の際は十分に注意して楽しんでください。

尾瀬を構成する主な山々

山名	標高
至仏山	2228m
燧ヶ岳	2356m
会津駒ヶ岳	2133m
中門岳	2060m
笠ヶ岳	2058m
景鶴山	2004m
中原山	1969m
皿伏山	1917m
帝釈山	2060m
田代山	1971m
大杉岳	1922m
小至仏山	2162m

尾瀬の地名由来

江戸時代前期の書物『会津風土記』には「小瀬」と記されています。語源からすると「生瀬」と書いて「おぜ」と読むとのことです。「生瀬」とは「浅い湖中に草木の生えた状態」、つまり湿原を指すそうです。この「おぜ」の当て字として「小瀬」から「尾瀬」になったとの説が有力です。他に源平合戦の宇治川の戦いで落ち延びてきた、尾瀬大納言藤原頼国公の姓から名付けられたとも伝えられています。

至仏山周辺

◎至仏山　標高2228m。尾瀬ヶ原から至仏山を正面に見ると、大きく窪んだところがムジナ沢です。ムジナなどケモノでなければ上り下りできない沢という意味で、ムジナ沢は古くは「渋ッ沢」とも呼ばれ、これが至仏沢となりました。川床には赤渋色の石が多くあり、山名に付けられたと考えられています。

◎高天ヶ原(たかまがはら)　高天ヶ原の名称は全国にありますが、風光明媚な土地の形容となっています。至仏山では山頂近く、露岩が盛り上がったところです。かつては融雪後の高山植物の宝庫でしたが、踏み付け、盗掘、土砂流出などにより広範囲が傷めつけられてしまいました。

5月中旬、春まだ浅い尾瀬ヶ原より燧ヶ岳を望む。

燧ヶ岳周辺

◎燧ヶ岳　燧ヶ岳は、5つの峰を合わせた総称で最高峰は柴安嵓《ぐら》、標高2356m。残雪の形が「火打ちばさみ」に似るところから名が付いたとされます。他にも火を噴く山を由来としている説、また〝ピウチ〟というアイヌ語で火を起こすことを言う説など、果たしてどれが名の由来か判断が難しいところです。

◎嵓（くら）　山のピークを指しますが、元来は「岩稜」の意味です。この語は『広辞苑』には掲載されていないようです。

◎赤ナグレ岳　燧ヶ岳の5つの頂の一つであり、御池岳の南にある標高2249mの峰です。由来の詳細は不明ですが、「ナグル」という言葉は、斧で木を削ることを元にしたもの。斧で削ったように草木を失い、地肌が現れた山の峰であり、この名が付けられたと思われます。麓の湿原の名前は、土質の色に基づいて命名された赤田代であり、赤ナグレの赤も土質の色が由来と考えられます。

◎俎嵓（まないたぐら）　燧ヶ岳の東峰が俎嵓であり標高2346mです。峰には長蔵小屋の平野長蔵氏が奉祠した石祠が、1889（明治22）年以来設置されています。燧ヶ岳の山頂部は5つの峰から成り立ち、最高峰は、俎嵓と双耳峰を成し、その西側にある柴安嵓です。山頂からは、箱庭のように美しい尾瀬ヶ原を眼下に見ることができます。俎嵓の名前の由来ははっきりとしませんが、見る位置によっては俎状に見えることからと言われています。

◎御池岳（みいけだけ）　燧ヶ岳の5峰の一つで標高は2260mです。その噴火口跡に水が溜まっていたりすることから、この名称で呼ばれます。登山道はありません。

◎ミノブチ岳　燧ヶ岳の5つある頂の一つで、標高はその中では一番低く2221mです。名前の由来は不明ですが、「岪《ぶち》」は山が幾重にもそそり立つ様を言い、〝ミノ〟は峰が歳月を経てミノに変化したとする説もあります。

◎燧裏林道　御池から兎田代までの燧ヶ岳北面の山腹を通る登山道です。

◎長英新道（燧新道）　長蔵小屋二代目小屋主・平野長英氏が1959（昭和34）年に燧ヶ岳への登山道として開いた道です。大江湿原を横切って樹林帯へと入っていきます。

◎ナデッ窪　東北地方の最高峰である燧ヶ岳に登るには、ナデッ窪の登山道が距離としては最短です。しかし沼尻

ナデッ窪の登山道が始まる沼尻から燧ヶ岳を見る。

から直登で標高差約７００ｍの急峻なルートとなります。夏季は急勾配の涸れ沢の状態ですが、「雪崩れ窪」が名の由来のように、春先まで雪崩が多く発生。初夏まで残雪があります。燧ヶ岳への登山道としては最初にできたルートであり、その後御池ルートや長英新道が開発されました。

◎御池新道（みいけしんどう）　標高１５００ｍの御池駐車場近くの登山口から、燧ヶ岳の俎嵓までのルートとなります。広沢田代、熊沢田代の湿原や池溏、高山植物を愛でながら歩くルートであり、燧ヶ岳登山では最も人気があるコースです。

◎見晴新道　燧ヶ岳の柴安嵓から尾瀬ヶ原の見晴まで続く新しい登山道。しかし、ぬかるみ状態の悪路です。

尾瀬ヶ原上田代付近の池溏と燧ヶ岳。

尾瀬ヶ原周辺

◎田代　本来は田んぼのことであり、尾瀬だけでなく多くの地域で湿原のことを〝田代〟と呼びます。湿原の地形を棚田にたとえると、あぜ道にあたるのがケルミであり、田んぼ(田代)にあたる、へこんだところがシュレンケです。

◎池溏　〝ちとう〟と読み、湿原の小さな水たまりや池を指します。武田久吉博士によって命名されたと言われています。

◎ヌー岩　「ヌー」とは、藁や薪を積み上げたものを指し、景鶴山山頂の盛り上がった岩稜の形が、「ヌー」に似ているところから、こう呼ばれています。

◎川上川　ヨッピ川の上流の川という意味です。

◎六兵衛堀　「堀」とは湿原中の川を指し、「六兵衛」は漁師の名前と考えられていますがはっきりしません。

◎**イヨドマリ沢**　〝イヨ〟とは魚（イオ）のことで、魚でも遡上できないほど沢の流れが急なため、この名が付きました。見晴から尾瀬沼に向かう山道にある沢です。

イヨドマリ沢の清冽な沢水。

◎**牛首**　尾瀬ヶ原の中央にある三叉交差点のテラスからよく見える小高い丘です。至仏山山腹から尾瀬ヶ原中央を見ると、この形が牛の首のように見えることから、牛首と名が付きました。古くはここに行き来できたそうですが、現在は登山道がないため、外側から見るのみです。

◎**皮篭岩（かわごいわ）**　この大岩は、学術調査で景鶴山の大噴火により、ここに運ばれたものと判明しています。尾瀬ヶ原のほぼ中央・龍宮小屋近くの湿原にあり、岩に樹木が絡んでいます。尾瀬大納言所有の皮で張った篭が岩となった、などの伝説があります。

◎**景鶴山**　日本三百名山の一つですが、現在は入山禁止となっています。這いずるようにササなどのヤブ漕ぎをして登るため、「這いずる」が訛ってケイヅ

至仏山より山ノ鼻地区と牛首を望む。

ルとなったと言われています。

◎下ノ大堀川　牛首と竜宮の中間にある川です。この川の水源は湧水のため、土砂が流れ込みにくく、挒水林が発達していません。そのため一帯は見通しが良く、至仏山とミズバショウの有名な撮影スポットとなっています。川はその後ヨッピ川に合流します。

◎段小屋坂　見晴から尾瀬沼に向かうと途中の白砂峠まで、見事な巨木に囲まれた登り坂があります。この登山道を段小屋坂と言い、ダンゴヤ沢付近に小屋があり、付いた名前と言われます。段小屋横手と呼ばれた平地があり、その下側にある傾斜地に段々に小屋があったらしいです。この小屋は曲げ物小屋であり、曲げ物材であるネズコ、シラビ（アスナロ）などを採取、乾燥、加工して曲げわっぱなどを作る出作り小屋（出小屋）です。木がなくなり小屋もなくなり、沢と道だけにその名を残しています。

◎見晴十字路　竜宮から北東に1.6㎞の距離にあり、下田代十字路とも呼ばれます。山小屋が6軒並び建ち、燧ヶ岳登山者やハイカーで賑わっています。尾瀬ヶ原の展望が良いため、この名前で親しまれています。

◎山ノ鼻　鳩待峠から徒歩で約1時間の場所にあり休憩所、山小屋、トイレが設置されています。至仏山の裾部分が、鼻先のように突き出ているところから名付けられました。

◎ヨッピ川　尾瀬の中を蛇行して流れる川上川、上ノ大堀川、沼尻川といった多くの川が集まって成り立っています。この名前はアイヌ語が起源で、「川の落ち合う」「集まる」といった意味です。大津岐《おおつまた》峠を隔てた北西の山麓にある二つの沢にもヨッピ沢の名があります。

◎竜宮　富士見小屋の主人が名付けた地名で、池溏の水が底の穴に吸い込まれてしまうので、その穴は竜宮城まで通じているのであろう、と考えたことから付けられました。実際には吸い込まれた水は、湿原を通って木道の反対側へ湧き出ています。

◎皿伏山（さらぶせやま）　楯状火山であり標高１９１７ｍ、位置としては尾瀬沼の南西岸になります。「皿」を伏せたような山容から、この名があります。粘度の低い安山岩質の溶岩のため、アヤメ平同様に山頂が平らな山容となっています。

◎富士見峠　標高は１８８３ｍと尾瀬の中では最も高い峠になります。旧名

池溏がちりばめられた天空の花園、アヤメ平の秋。

は「硫黄沢乗越」でしたが、こう名付けられました。富士山が遠望できるため、こう名付けられました。

◎アヤメ平　土地の所有者だった横田千之助氏が、群生するキンコウカの葉をアヤメの葉と見誤り、このように呼んでしまったらしいです。昭和30〜40年代に観光客により湿原が踏みつけられ、1966（昭和41）年より裸地回復事業が始まりましたが、未だ困難を極めています。

尾瀬沼周辺

◎只見川　伝説で、尾瀬地域の守り本尊がこの川を下ったとき、谷が深かったため「見ゆるもの只々川ばかり」と言ったので、その後にこの名が付きました。

◎浅湖湿原（あざみしつげん）　浅い湖の意味で、大江湿原の西南側に位置する湿原です。

◎大江湿原と大江山　大江山は沼山峠の東南に位置する山です。大江川はこの山からの水を集め、尾瀬沼へと流れ込み、大江湿原を形成します。大江とは大きな入り江の意味です。

◎オンダシ沢とオンダシ湿原　沢の河口付近が土砂の堆積により、尾瀬沼側に押し出してしまった様子からオンダシ（押出し）沢と呼ばれ、付近の湿原をオンダシ湿原と呼んでいます。

◎小淵沢田代　尾瀬沼から1時間ほどの距離にあり、小淵沢の源流地帯に近いため、小淵沢田代と呼ばれています。

◎尾瀬沼＝さかい沼　尾瀬沼は燧ヶ岳の噴火による堰《せ》き止《と》め湖です。かつて尾瀬沼湖畔には上州、会津の商品交易所が置かれていたので、二つの国の境目から「さかい沼」や「振り分け沼」とも呼ばれていました。しかし沼ではありますが、標識には「一級河川」と記されています。

◎三平下（さんぺいした）　三平峠（尾瀬峠）を抜けた尾瀬沼の湖畔を「三平下」と言います。尾瀬沼の取水口が湖畔にあり、群馬側へのトンネルを通じ、大量の水が発電、灌漑用に取水されています。

◎三本カラマツ　尾瀬沼の東湖畔近くに太いカラマツが三本並んで生えてい

三本カラマツの黄葉始まる。

白砂湿原の池溏。初秋。

ます。別名を〝尾瀬塚〟とも言い、伝説では、尾瀬中納言の墓とか、尾瀬大納言の弓の練習場(的場)の跡地などと言われています。積雪の多い時期にはその根元まで行くことも可能です。

◎沼尻(ぬしり)　尾瀬沼の水の出口、沼の尻尾《しっぽ》であるところから、この名前が付きました。尾瀬沼の北西端にあり、ここから流れ出た川が沼尻川となりますが、現在は人為的に尾瀬沼に堰が設けられて大半が片品川に取水され、沼尻川への出水は極めて少ない状態です。

◎白砂湿原　尾瀬沼の沼尻から、尾瀬ヶ原方面に進み、白砂川を渡ると出会える湿原です。

◎沼山峠　かつては「沼越峠」と呼ばれた交通の要衝で、御池から沼山峠休憩所を経由して、尾瀬沼へと抜ける峠の名前です。山火事で焼けたことから別名「焼山峠」とも呼ばれています。多くのハイカーが休憩を取っています。

◎檜高山(ひだかやま)　標高1932m。檜枝岐では「ネズコ」のことを「クロビ」とか「ヒノキ」と呼びます。檜高山の背後にはネズコの木が群生しているところからこう呼ばれるそうです。

◎ヤナギランの丘　大江湿原の北側にあり、長蔵小屋の平野家のお墓があるところです。二代目小屋主の長英氏が名付けたといわれ、墓石周辺の小高い丘では季節になるとヤナギランが咲き乱れます。

◎奥ッ沢と早稲ッ沢　奥ッ沢は檜高山から大江川に合流する沢で、尾瀬沼でイワナの遡上が一番遅いため奥ッ沢と呼ばれ、早稲ッ沢は、沼で最も早くイワナが遡上するためこのように呼ばれています。早生種の稲である「早稲」に

初夏の赤田代。三条ノ滝に向かう入り口の一つでもある。

ちなんだ呼び名です。

三条ノ滝方面

◎赤田代　鳩待峠からは最も遠い、尾瀬ヶ原の北東部にある湿原です。鉱泉水の鉄分が湿原に入り赤い色をしているため、こう呼ばれています。

◎三条ノ滝　滝の近くに展望台が設置され、豪快に落下する水流を見ることができます。「三十丈もの高さの滝」が訛って三条ノ滝になったと言われています。特に春の雪解け水を集めて落下する滝の轟音は、怖くなるほどの迫力です。尾瀬の水は只見川、三条ノ滝を経て、日本海へと流れていきます。

◎段吉新道　温泉小屋の初代小屋主の星段吉氏一家が、１９３７（昭和12）年新しく開通させた林道です。１９３２（昭和７）年開設された当時の小屋は、御池から赤田代方面には三条ノ滝、平滑ノ滝を越えねば行けなかったため、燧ヶ岳の西側に林道を開発しました。なお星段吉氏は平野長英氏の従弟で、1932年に温泉小屋を長英氏より譲り受けています。

◎**平滑ノ滝**　燧ヶ岳の噴火によりできた滝の名称で、河床は安山岩の組成です。粘度の少ない溶岩流が造り出したなだらかな滝は、一般の滝のイメージと異なり、一見、流れが止まっているようにも見え、上流、下流の区別がつきづらいものです。

檜枝岐村周辺

◎**赤法華（あかぼっけ）**　「赤ぼっけ」「赤はけ」のことであり、「はけ」は山崩れなどで山肌が露出している様子で、「崖」という意味です。七入から沼山峠への上りの緩斜面である平坦地を「赤法華」と言い、昔は檜枝岐の出作り小屋、検問所がありましたが、現在はカラマツ林の造林地となっています。「法華」は「ぼっけ」「ぽっけ」とも呼ばれています。

◎**御池（みいけ）**　標高1500m、尾瀬沼に至る沼山峠口への、シャトルバスの乗り場がある場所です。ここが大昔池であったことから、この名が付いたそうです。駐車場の奥に御池田代があり、三条ノ滝方面へのスタートとなります。

◎**スモウトリ田代**　御池ロッジの裏手側に位置する湿原で、春先にはザゼンソウやミズバショウも多く咲きます。昔、木地屋が鬼と相撲を取り、鬼を打ち負かした場所という伝説から名が付けられました。

◎七入(なないり)　旧沼田街道の要衝で檜枝岐村から尾瀬沼に向かう途中に位置します。現在では大きな駐車場があります。由来は檜枝岐から数えて七つ目の沢という意味からです。檜枝岐では川上を「入(いり)」、川下を「出戸(でと)」と呼びます。

◎檜枝岐(ひのえまた)　『会津風土記』には、檜枝岐の名前は黒檜(くろび、別名ネズコ)を多く産するところから生まれた、と記されています。

◎モーカケノ滝　檜枝岐川にある緑に囲まれた美しい滝です。樹海ライン沿いの駐車場から徒歩数分でたどり着くことができます。案内板によると、平安時代の女性の腰から下の衣装である「裳」を掛けたように美しい様から名付けられたとのことです。

片品村周辺

◎戸倉　かつては上州最奥の集落だった戸倉は、国境の村という意味です。関所が置かれその記念碑が残っています。

◎大清水　群馬県側・沼田街道の車道の終点が大清水です。近くに大清水という水流があり、地名となっています。休憩所、売店、トイレがあります。

◎一ノ瀬　大清水から徒歩1時間、三平峠への登りが始まる手前が一ノ瀬です。最初に渡る川の意味で、今は休憩所が1軒あります。

◎岩清水　一ノ瀬から三平峠へと続く登山道に湧き出る清水が岩清水です。1971(昭和46)年に新道工事のため一旦涸れましたが、工事中止後に復活しました。この近くで長蔵小屋三代目・平野長靖氏が遭難死をとげています。

◎大岩　一ノ瀬から尾瀬沼への林道で、

三平峠の標識。

岩清水から十二曲と呼ばれるつづら折りの道を登っていくと、大きな岩があり、これを大岩と呼びます。

◎三平峠　大清水から尾瀬沼へ行く登山道にある峠です。別名「尾瀬峠」とも呼ばれますが「三平峠」の名の由来は不明です。峠には小さな休憩スペースがあり、多くのハイカーが休んでいます。針葉樹のオオシラビソやコメツガの樹林帯の中にあるため、眺望はききません。

◎鳩待峠　昔から地元の人たちによく利用されていた峠です。冬の間の炭焼きや木材搬出のため、出作り小屋で寝泊まりをしながら作業を行い、春になりキジバトが鳴き出す頃に山仕事を終え、里に帰る習慣があったから名が付いたという説、また八幡太郎源義家が、この鳩待峠を越えるにあたり、鳩を放って吉凶を占ったという故事から、という説があります。

会津駒ケ岳周辺

◎会津駒ヶ岳　会津駒ヶ岳は、残雪が作る雪形が駒（馬）の形になることから名前が付いたという説、稜線が馬の背

田代山山頂部一帯は特別保護地区に指定されている。

に似るためなどの説があり、はっきりしません。登山道にはツバメオモトが、湿原にはハクサンコザクラなどの花が見られます。檜枝岐村の会津駒ヶ岳登山口（滝沢登山口）から入山するのが一般的なルートとなります。

帝釈山・田代山周辺

◎馬坂峠　馬坂川（利根川水系一級河川）の源流近くにあることから名前が付けられ、帝釈山の登山口がある福島・栃木の県境となっています。檜枝岐村から車で約40分の距離です。登り口では毎年オサバグサまつり（6月中旬）が開かれます。

◎帝釈山　帝釈山系の中央に位置し、かつては幻の名山とも言われ、日本の中央分水嶺となります。標高２０６０ｍ、福島・栃木の県境にあり、新たに尾瀬国立公園に編入された山です。帝釈山の登山道沿いの林床にはオサバグサの可憐な花が絨毯状に咲き誇り、思わず感嘆の声を上げてしまいます。帝釈天様をかつて祀っていたと思われますが、今はなく、帝釈の名が山系名に付けられ、その中央部にあるため山名が付けられたと言われています。

◎田代山　標高1971m、山頂部に湿原、池溏があり、特別保護地区に指定されています。湿原は高山植物が咲き乱れ会津駒ヶ岳を望めます。山頂は林野庁と民間の企業の所有地となっています。山頂の湿原(＝田代)はかなり大きく、山名はこれに由来します。

魚沼市(湯之谷村)周辺

◎奥只見湖　奥只見湖は新潟県と福島県の境にある人工湖です。尾瀬沼から発した水は、尾瀬ヶ原を潤したあと、ここを経由して日本海へと流れます。1953(昭和28)年工事着工、1961(昭和36)年に発電用として造られたもので貯水量国内第2位、発電量国内第1位の規模となっています(『ダム便覧2021』)。只見川は山が深く、暗くまた岩壁が迫り、「見えるものはただ(只)川ばかり」の状態のため、誰言うとなく只見川と呼ばれたと言われています。

◎尾瀬口　入り組んだ奥只見湖の南側に位置する、船着場を指します。新潟県魚沼市方面から尾瀬行きの玄関口にあたり、奥只見湖から尾瀬口まで40分の乗船となり、ここでバスに乗り換えて御池に向かうことができます。

◎銀山平　1641(寛永18)年、湯之谷郷の百姓源蔵が、赤川表(只見川)沿

朝霧流れる秋の銀山平。

いの天狗平で、マス採りをしている最中に銀の垂れ柱を発見。小出郡奉行所を通じ、高田藩主松平光長にご注進を行います。幕府より高田藩に銀山開発が認可され、1657(明暦3)年、シルバーラッシュが始まります。商人、職人が全国より集まり売店、問屋、寺院までもが出現して、民家1000軒、寺院3寺の銀山町ができ、人馬の途絶えることのないほど繁盛した鉱山町として発展しました。鉱夫相手の遊郭まであり、1万4000人の人々が暮らしていたそうです。
　1859(安政6)年、鉱夫のつるはしが誤って只見川の川底を破り、銀山は水没して一挙に300人余の死者を出し、200年間続いたシルバーラッシュは幕を下ろします。

※尾瀬保護財団HPほかを参考にいたしました。一部、財団の許可を得て使用させていただいた記述もあります。

第2部

尾瀬の保護と課題

至仏山と尾瀬ヶ原の木道。

「尾瀬ビジョン」の変更

ビジョンとは、将来実現したい「未来の姿」を示すものです。

旧「尾瀬ビジョン」

旧「尾瀬ビジョン」は学識経験者、行政、地元関係者24人により、「尾瀬の保護とあり方検討会」で生まれ環境省へ提出された提言書です（2006年11月）。4つある基本方針の第1項は

科学的知見に基づいて保護と利用を考え、保護を超えない利用を原則とする——現状を超える利用のための施設整備は、特別保護地区内では原則として行わない——

とされ、原生的な生態系および風景を適切に保護する目的で作られました。旧ビジョンは、すべての利用禁止を求めているわけではなく、文字通り「科学的知見に基づいた保護と利用を考え」です。生きものの聖地に対して、きちんとモニタリングした上で科学的に計り、現状を超える利用のための施設整備は、特別保護地区内では原則作らないとしていました。この基本方針

地名標識は英語表記併設のため、順次取り換え設置を行う。

新「尾瀬ビジョン」と「国立公園満喫プロジェクト」の類似した表現

新「尾瀬ビジョン」	国立公園満喫プロジェクト
滞在型・周遊型の利用促進	滞在を増やし地域経済の体積を増やす（体積＝消費額）
認定ガイドの高齢化 訪日外国人旅行者に対応できる新たな担い手の養成	ガイド不足
旅行エージェントとの連携 旅行エージェント等と連携したエコツーリズムの促進	外国人に強いエージェント招聘
（施設の整備）長寿命化など トータルコスト低減の検討・実施	インフラ施設の長寿命化
外国人も利用しやすい 尾瀬のあり方を検討	訪日外国人が快適に過ごせる環境整備 外国人がストレスフリーで楽しめる環境整備
利用者負担の在り方検討	保全やサービス向上のため利用料徴収
多様な利用方法の検討	アクティビティ充実
施設の整備	施設整備が不足
尾瀬と他の地域を結ぶ アクセスの連携強化	新規のバス 外国人目線に立った「二次交通」 大都市圏等の主要利用拠点から アクセスがしやすい
利用者層や利用スタイルに応じた 利用施設のあり方の検討など	小規模で高付加価値なホテル

（注）新「尾瀬ビジョン」全文と「国立公園満喫プロジェクト」有識者会議資料より作成。

は尾瀬の核心地である湿原生態系が過剰利用され、不可逆的な破壊を受けた教訓より生み出されたものであり、生物の多様性の保全を強く意識したものでした。

新「尾瀬ビジョン」と「国立公園満喫プロジェクト」の比較

新「尾瀬ビジョン」は、環境省と尾瀬国立公園協議会の双方が議論を重ね策定されたものです。一方、環境省の国立公園政策に「国立公園満喫プロジェクト」があります。また新「尾瀬ビジョン」と「国立公園満喫プロジェクト」の二つの政策は、まったく異なった組織によって作成されたものです。

二つの別組織が打ち出した政策ですが、表で示したように極めて似ています。新「尾瀬ビジョン」の方針が「国立公園満喫プロジェクト」の打ち出す観

腐食が激しい至仏山周辺の案内板(2022年6月撮影)。

光振興政策とほとんど変わらないほど強い影響を受けていることがわかります。

このような自然保護への軸足を欠いた新ビジョンは、まさに規制緩和によって国立公園の観光促進を図るものです。

保護規定の欠落

旧「尾瀬ビジョン」には「基本理念」として「科学的知見に基づいた保護と利用を考え、保護を超えない利用を原則とする」という尾瀬独自の自然保護を重視する理念が明記されていました。そのために、きちんとモニタリングして、科学的な検討を加えた上で利用を考えると定めていました。

ところが新「尾瀬ビジョン」では旧「尾瀬ビジョン」にあった「科学的知見に基づいた保護と利用を考え、保護を超えない利用を原則とする」という「基

初秋の尾瀬ヶ原を行く登山者の向こうに至仏山。

本理念」が消されてしまいました。更に「生物の多様性の確保に寄与」という重要なキーワードも何ら記述されていません。尾瀬ビジョンは「科学的知見に基づいた保護と利用を考え」と謳った旧ビジョンから、「外国人も利用しやすい尾瀬のあり方の検討」との文言が導入された新ビジョンへ、大きく軸足が変更されました。

尾瀬の基本的な方針である新「尾瀬ビジョン」は2018年9月公表、美辞麗句や聞こえの良い言葉が並びますが、残念ながら尾瀬の保護に軸足を置くものではありません。これから尾瀬を取り巻く環境は再び受難の時代を迎える予感がします。なお新「尾瀬ビジョン」に基づき2022年4月「尾瀬国立公園管理運営計画書」が公表されました。

尾瀬で過去に生じた大きな難問

尾瀬の名が自然保護運動で全国的に広まった要因として、尾瀬の環境保護に立ちはだかった難攻不落の壁とも言える二つの問題がありました。

電源開発問題

一つ目は電源開発問題と呼ばれるもので、只見川の源流である尾瀬沼、および盆地状の尾瀬ヶ原を利用し、関東水電（現・東京電力）が水力発電用ダム設置を試みたものです。尾瀬ヶ原の土地はもともと今の群馬県片品村の村民の所有でしたが、これを村は業者に売却し、その後所有権が移って今の東京電力に集められます。この試みは、明治後期より国策として起案設計が幾度となく続けられ、大きく分けて戦前2回、戦後3回にわたり電源開発計画として発表されました。この、巨大ダム建設による尾瀬の完全破壊行為、つまり尾瀬全体が湖底に沈み、生態系を崩壊させる行為に対し、尾瀬を愛する心ある人たちが強固な反対運動を、幾度となく、そのたびごとに起こしました。

時の政権、官僚、業界を相手に挑んだ先人たちの反対運動、抗議行動は大きく功を奏するものとなります。反対運動の先駆者は、長蔵小屋の初代小屋主である平野長蔵氏（1870～1930年）でした。その後は尾瀬の学術的価値を理解した学者グループ、一部官僚らによる活発な反対運動と支

尾瀬ヶ原と燧ヶ岳。

至仏山と尾瀬ヶ原の池溏。上田代付近。

援の結果、電源開発問題はほぼ立ち消えの終着となります。これには水力発電の必要性の低下という、時代背景も味方したと言えます。また、この長い闘争の中で「尾瀬保存期成同盟」（後の日本自然保護協会）も結成されました。

1996（平成8）年、東京電力は行政手続法の期限が来たため、尾瀬ヶ原の水利権を放棄しました。しかし現在もなお尾瀬沼の水利権は保有しています。

新車道計画レジスタンス

二つ目は観光道路問題です。この問題は尾瀬が日光国立公園に含まれた時から付いて回った問題です。

尾瀬地域は1934（昭和9）年、日光国立公園の一部に指定され、1940（昭和15）年1月には公園利用計画として、旧沼田街道を県道沼田―田島線として車道化することが立案されます。これは当時の国鉄沼田駅と、会津線の会津田島駅を車道で結ぶ計画でした。この自動車道路建設計画は戦後の1949（昭和24）年、さらに補強され、主要地方道大清水―七入線とすることが確認されます。大清水から車道を延長し、三平峠―尾瀬沼―沼山峠―七入をつなぐ道路建設計画でした。

尾瀬地域を抱える群馬、福島両県は観光客の誘致、過疎対策として沼田街道をすべて舗装道路化することを目指し、群馬福島縦貫道路の計画を立てました（左ページ地図参照）。

この計画案が完成の暁には、道路の脇にあたる尾瀬沼の生態系が崩れることは必至であったため、観光道路反対運動が起こります。この運動の先

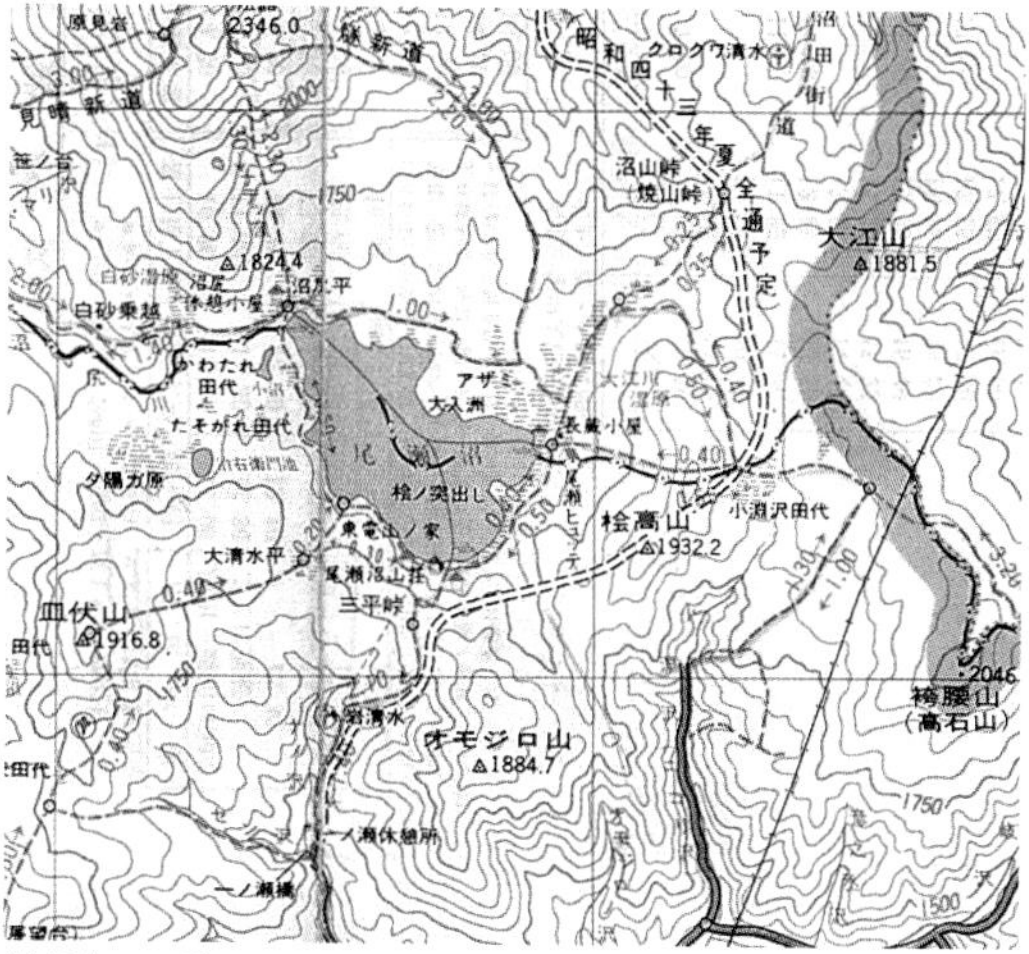

『山渓カラーガイド6　カラー・尾瀬』
（山と溪谷社　1967年6月1日発行）付録より。

頭に立ったのも平野家です。三代目長蔵小屋主・平野長靖氏（1935〜1971年）の陳情が、第二代環境庁長官・大石武一氏の心を動かし、工事の中止という効果を生みます。そのため、現在でも舗装道は群馬県側が大清水まで、また福島県側が沼山峠口までしか通じていません。群馬県は大清水から岩清水までを県道沼田―檜枝岐線としましたが、2000（平成12）年に廃止を決定します。

この観光道路反対運動で長靖氏は、「尾瀬の自然を守る会」を結成、日本で初の市民による手作りの運動を起こし、その後の環境保護運動に大きな足跡を残すこととなります。

「尾瀬の自然を守る会」小史

古くから人の往来があり、交易も盛んであった群馬・福島の県境の村にも、道路拡幅を伴うモータリゼーションの波が押し寄せます。両県縦貫道路の開通は過疎脱却の道であり、既に戦前、日光国立公園の公園利用計画の一環として、約束がなされていたものでしたが、そこに反対運動が起こります。

この、日本で初めての市民の手による自然保護レジスタンスを行ったのが、「尾瀬の自然を守る会」です。

まず、1971（昭和46）年7月19日、長蔵小屋の三代目・平野長靖氏と母・平野靖子氏、そして中島千代子氏の3名が発起人となって、「尾瀬の自然を破壊から守る会」を立ち上げます。尾瀬の核心部分を縦断する観光道路から尾瀬の自然を守ろうとするこの会は、すぐに「尾瀬の自然を守る会」と名を変え、全国に散在する〝同志〟を募って、昼夜を問わず、道路建設阻止を世論に訴え続けます。

そして遂には道路計画を中止に追い込んだのです。

会は道路問題のみならず尾瀬の生態系保全の啓蒙運動にも携わりました。またその後に作られるレベルの高い自

尾瀬ヶ原の大部分は高層湿原だが、低層・中間湿原もある。囲みはワタスゲ果穂。

然保護指導員養成講座は、1978(昭和53)年に開始されます。これは将来の人材育成という布石も考えたものでした。この会が始めたゴミの持ち帰り運動は、尾瀬のみならず多くの観光地で、その後採用されるに至ります。

また尾瀬の生態系保全のため、人為的な負の影響を極力排除するための提言、陳情書など、意見具申の発信を続けるとともに、後進の育成にも最大限の尽力をした環境保全団体が「尾瀬の自然を守る会」です。

それは自然保護に対して立ちはだかる、拝金主義の業界、開発優先の行政との戦いの歴史でした。

「尾瀬を守る懇話会」の提言を契機に、1995年に「尾瀬保護財団」が設立され、それまで尾瀬の環境保護運動の主導的役割を果たしてきた「尾瀬の自然を守る会」は、「尾瀬保護財団」に保護活動を一元化させるため、1996年12月、自主解散。

尾瀬が乾燥している？

―水量のこと―

日本最大の高層湿原である尾瀬ヶ原。この湿原（標高1400m）に入り込むのは、山の斜面から流れ込む水、湧水、直接降り注ぐ雨、雪、そして尾瀬沼（標高1660m）から沼尻川を通じて入る水などです。これらの「命の水」により湿原は支えられ、この水量のおかげで数千年の間、乾燥から守られてきました。

しかし、湿原形成の根源とも言える水の流路が変更され、その水が発電・灌漑用に使用されています。本来は尾瀬ヶ原に流れ、湿原涵養の役割を持つ水。その水はヨッピ川と合流して、只見川を経由して日本海へと流れるはずのものです。しかし自然の摂理に手が加えられました。すなわち1949（昭和24）年、片品川経由で利根川、そして太平洋に行きつく流路が造られ、今もそのまま変わっていません。

尾瀬沼から流れ出る水は、尾瀬ヶ原を潤す言わば「湿原維持装置」であったにもかかわらず、冬季には水量の90％近くが、人為的に片品川に通水されています。その行為が尾瀬ヶ原を乾燥化へと向かわせています。また片品川に生息する生きものにとっても、水質の違う尾瀬沼の水が流れ込むわけですから、たまったものではありません。河川水質の変動により、そこに発生するコケ類、微生物相は大きく変わります。それを糧としている生きものたちは、

尾瀬沼の水利権は10年ごとに更新される。
平成38年＝令和8年＝2026年が次の期限。

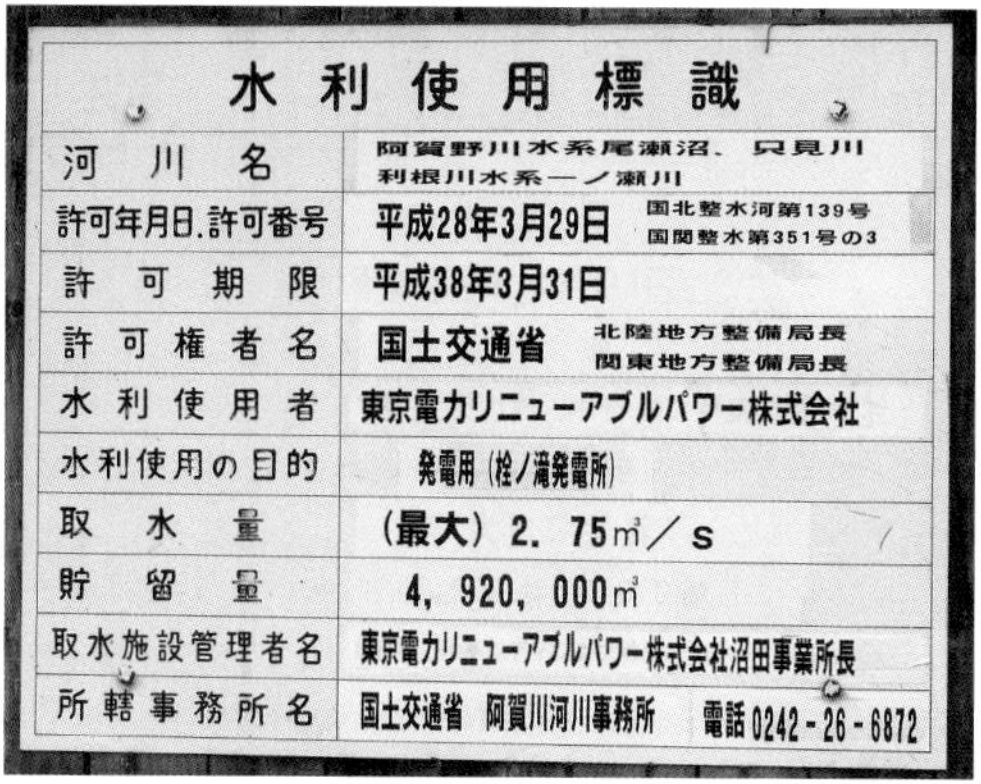

食性の変動を余儀なくされ、適応できなければ種として絶滅することを意味します。にもかかわらず、尾瀬では今日も当たり前のように取水が続けられているのです。

ミネラルが豊富で、かつ涸れない尾瀬沼の水は、多くの生きものの命を育んできました。その命の水を、短期間で富栄養に汚され、生きるために必要なその水を大量に奪われた尾瀬の動植物たち。

研究者によれば、乾燥化や踏圧により表層土壌の荒廃が進むと、そこに生息している多くの土壌動物に悪影響がおよび、動物の種数や数量も大幅に減少する二次的な環境破壊につながるそうです。乾燥化のバロメータと目される植物は、ヤチカワズスゲ、ミノボロスゲ、チシマザサ、ズミなど。それ以上に乾燥化が進むと、スズメノカタビラやミゾソバなどの平地性の植物も侵入すると指摘されています。

尾瀬沼の水はきれい？ ―水質のこと―

山紫水明の地である尾瀬沼は、標高1660ｍの亜高山帯にあり、多くの河川の水源となっています。水質の環境基準ＣＯＤ75％値（化学的酸素消費量）は、3.0㎎／ℓ以下ですが、かつては透明度、水質ともに申し分のない湖沼でした。尾瀬の水質調査は、1970年代後半より群馬県により始まりました。

尾瀬沼の水質検査

湖沼の水質検査は〈ＣＯＤ75％値（化学的酸素消費量）㎎／ℓ調査〉で行います。加えて大腸菌群、リン、窒素、透明度なども測定します。1970年代後半の尾瀬沼のＣＯＤ75％値は2.6㎎／ℓ前後であり、環境基準（3.0㎎／ℓ以下）内の数値でした。

改善されない水質

尾瀬沼は周囲約９㎞、深度約９ｍの小さな湖沼です。水深の浅い湖沼のＣＯＤ値は、高く出る傾向があるものの、1970年代の水質検査では環境基準3.0以下の水準が維持されていました。1980年代に入り環境基準を上回りはじめ悪化、2000年代に入り4.0を超えてしまいました。

「ＣＯＤ75％値の数値が、1.0動くことは大変なことであり、生息している動植物プランクトンは死滅してしまうほどの大きな水質変化」との水質研究者の声もあります。約8000年の歴史を持ち、特別保護地区にある特別天然記念物である尾瀬沼の水質悪化が続

まさに「もったいない」。この美しい尾瀬沼の水にも、水質汚濁が進んでいるとは……。

いています。

流路が変更された尾瀬沼の水

水源である尾瀬沼から流れ出る水は、数千年以上前から全量が福島側の沼尻から出て沼尻川、尾瀬ヶ原湿原を経由して只見川に流れ、他の河川と合流して阿賀野川となり日本海に流れ出ます。戦後、尾瀬沼より群馬側に取水（発電や灌漑用）を行うために、湖岸（三平下）から取水用のトンネル（約８００ｍ）を掘り進めました。現在でも尾瀬沼から群馬側に大量の取水が行われています（トンネルの完成は、１９４９年11月）。

尾瀬沼には周囲の山林より、落ち葉とともにミネラル分を十分に含んだ水が大量に流れ込みます。湖水の流出口は、沼尻と東電取水口の２ヶ所です。取水は表層水が多く、栄養塩類の蓄積が多い下層の部分の水は循環さ

改善されぬ尾瀬沼COD75％値（1976〜2021年）
全国湖沼193ヶ所中153位（2021年）

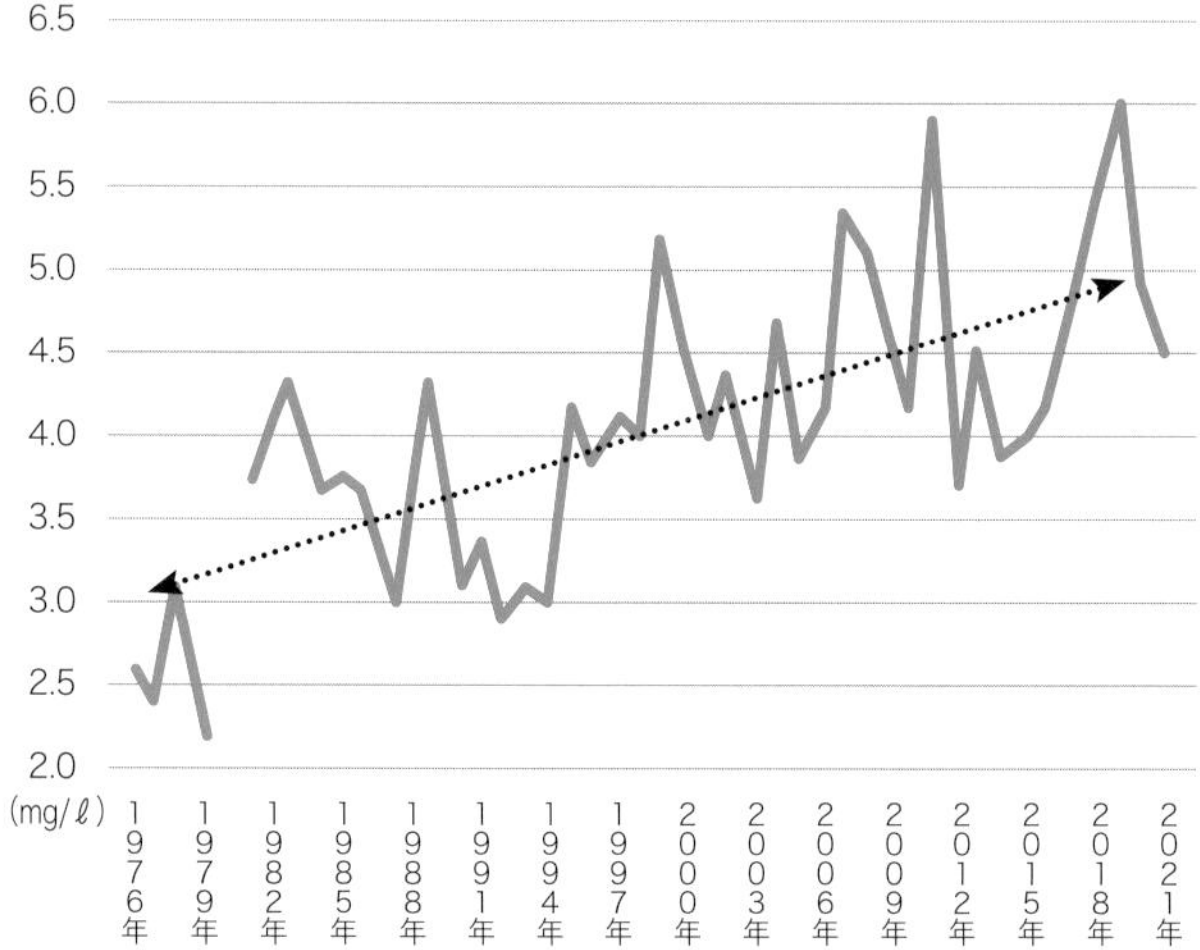

れにくい状態が続いてしまいます。有機物やミネラル分の栄養物質は低層部分に滞留しやすい状態であり、尾瀬沼の富栄養化が進んでいると言われています。特に融雪時には湖底の堆積物（土砂供給など）や栄養物質などは沼に年々残って溜まり続け、湖底に土砂や落葉落枝など堆積物（特にリンなどの栄養泥）を残したままで表層水の取水を継続しているため、これによりCOD75％値が高い状態に維持されていると考えられます。

水質保全を無視した尾瀬の関係者たち

尾瀬の関係者は特別保護地区、特別天然記念物地域内でビジネス活動をしているにもかかわらず、利潤を追い求める余り不法投棄を行うなど、環境保全に対する意識欠如は環境破壊の大きな要因の一つです。

年	COD75%	年	COD75%
1976年	2.6	1999年	5.2
1977年	2.4	2000年	4.5
1978年	3.1	2001年	4.0
1979年	2.2	2002年	4.3
1980年	欠測	2003年	3.6
1981年	3.7	2004年	4.7
1982年	4.1	2005年	3.8
1983年	4.3	2006年	4.2
1984年	3.7	2007年	5.3
1985年	3.8	2008年	5.1
1986年	3.7	2009年	4.5
1987年	3.0	2010年	4.2
1988年	3.8	2011年	5.9
1989年	4.3	2012年	3.7
1990年	3.1	2013年	4.5
1991年	3.3	2014年	3.8
1992年	2.9	2015年	4.0
1993年	3.1	2016年	4.2
1994年	3.0	2017年	4.8
1995年	4.2	2018年	5.4
1996年	3.8	2019年	6.0
1997年	4.1	2020年	4.9
1998年	4.0	2021年	4.5

環境省 水・大気環境局 水環境課
<最終：2023（令和5）年1月公表>

空き缶、空き瓶などの域外排出物をドラム缶につめ、そのドラム缶を尾瀬沼の護岸とするかのように沼岸に並べていましたが、鉄製のためドラム缶が腐食により破れ、このため中から空き瓶や空き缶の破片が尾瀬沼に散乱してしまいました。今でも尾瀬沼畔に立つと浅瀬に空き缶、割れた空き瓶のかけらが見られます。

多くの河川の水源である尾瀬沼には、周囲の森林や湿原から大量の水が流れ込みますが、水力発電用の取水工事の際には、尾瀬沼の水位を上げるための堰堤を造りました。その影響で多くの樹木が枯死するなど、いわば経済という名に抑圧されたのです。なお流入量のうち平均62％（33～最大80％）が群馬県側に取水されていたことなどは、研究者により明らかになっています。

夕焼け空と夕映えの尾瀬沼。

このようなことが積み重なり、美しき尾瀬沼はついに日本有数の「汚染された湖沼」に落ちて行きました。

２０２３年１月公表の「２０２１年環境省公共用水域水質測定結果」によれば、ＣＯＤ75％値（化学的酸素消費量）は4.5㎎／ℓであり、引き続き環境基準を超過（全国湖沼１９３湖沼中ワースト41位）となっています。また群馬県衛生環境研究所発行年報（第54号）によれば、同年調査の尾瀬沼の「大腸菌群数」は環境基準の約3.5倍（３５４１ＭＰＮ／１００㎖）という、驚くべき基準超過の報告が出ました（環境基準は１０００ＭＰＮ／１００㎖以下）。

尾瀬沼のコカナダモの動向と絶滅危惧種の危機

水生植物であるコカナダモ（トチカガミ科）は北米産の外来植物であり、環境省指定の重点対策外来種です。この水草は国内では昭和初期にアメリカから輸入されたものが野生化して、日本各地の湖沼に広がりました。尾瀬沼のコカナダモは１９８２（昭和57）年、福島県自然保護協会会長の星一彰氏により侵入が確認され公表されました。侵入経路については、ヤマメなどの放流に伴い混入されたと推定されています。

繁殖スピードは大変速く１９８３（昭和58）年には尾瀬沼のほぼ全域、沼の最深部まで勢力を伸ばしました。当時は山小屋など沼の周辺宿泊施設には、排水処理用のパイプラインは設置されておらず生活排水、風呂排水がすべて尾瀬沼に流され続けていました（２００２年、合併浄化槽および域外放流パイプライン完成）。

尾瀬沼のコカナダモは、同じ沈水植物である在来種のヒロハノエビモ、センニンモ、フラスコモなどを駆逐し、沼の深層部にまで勢力範囲を広げるなど、在来性の植物へ多大なる負の影響を与えました。尾瀬沼での繁殖は、コカナダモの生命力の強さに加えて日々排出され続けた生活排水による水質汚濁（リンなどの栄養泥）物質の堆積、尾瀬沼取水による水循環の影響が大きい

左ページ：三平下から尾瀬沼畔につけられた登山道を沼尻に向かう途中で。燧ヶ岳が南岸からとは違う姿を見せてくれた。

と考えられています。

　１９８７（昭和62）年より尾瀬沼の長期的調査を行っている国立環境研究所では、コカナダモの消長について警鐘を鳴らし課題を整理しています。外来種コカナダモ繁殖状況は「２０１０年以降には数年の間隔でコカナダモ群落の成長が良くなったり衰退したりするような状況が見られ」（野原精一・尾瀬の保護と復元・第34号 ２０２０年）と報告され、コカナダモの繁殖状況は一進一退の状況です。

種名	環境省REDデータ2020
カタシャジクモ	絶滅危惧Ⅰ類（CR+EN）
ヒメフラスコモ	絶滅危惧Ⅰ類（CR+EN）
タマミクリ	準絶滅危惧（NT）
イヌタヌキモ	準絶滅危惧（NT）
ヒメタヌキモ	準絶滅危惧（NT）
ヤチコタヌキモ	絶滅危惧Ⅱ類（VU）

第4次尾瀬総合学術調査報告書　尾瀬沼及び周辺の大型水生植物相　「低温科学第80巻」北海道大学低温科学研究所編．2022年．

尾瀬沼の絶滅危惧種

　尾瀬沼は、周囲10㎞に満たない自然湖沼です。第４次尾瀬総合学術調査報告書（尾瀬沼及び周辺湿原の大型水生植物相）によれば、尾瀬沼では30種以上の水生植物（コカナダモ含む）が確認されています。環境省レッドデータブックに記載される絶滅危惧種も多く生息しています（上記表）。

　また生態系被害防止外来種リストに掲載された「侵略的外来植物」であるコカナダモについては、〝これらの中で最も尾瀬の生態系に悪影響を与えていると考えられているのは、沈水植物の

コカナダモと考えられる〟（同報告書／尾瀬産維管束植物相とその再検討）と警鐘を鳴らしています。

ラムサール条約登録湿地

2005年、尾瀬沼はラムサール条約登録湿地となりました。この条約は、水鳥の保護と登録湿地の生態系を守る目的で発効された国際条約です。

尾瀬は湿原生態系としての貴重な自然環境の価値が評価され、同年11月に登録されました。日本国内では2021年現在、53ヶ所が登録されています。この条約では自然保護区の監視、湿地が変化する恐れの情報報告も義務付けられています。

国宝級の自然は、そのまま将来世代に

2020年11月に檜枝岐村で開催された「尾瀬利用アクションプラン」意見交換会で環境省側から驚くべき提案が

ありました。尾瀬沼で「レジャーボートやカヌー事業」を開始したい、外国人観光客の呼び込みにも有効との内容です。

朝霧がたいぶ消え、尾瀬沼に燧ヶ岳がその姿を映し始めた。

これはとんでもないことであり、このような観光事業が実施されれば、絶滅危惧種の水生植物や渡り鳥に対し、計り知れない悪影響が発生することは火を見るより明らかです。学術的価値も高い国宝級の自然を、ぜひそのままの姿で将来世代に「尾瀬の遺産」として残さなくてはなりません。

尾瀬沼は文化財保護法の特別天然記念物であり、自然公園法の特別保護地区であり、ラムサール条約に基づいた国際的に重要な湿地として「守ること」を決めたはずです。このような観光客目当ての愚策により、鳥類はじめ小動物たちが逃げ出すことは間違いないと思います。カヌーやカヤック事業の提案は、尾瀬を訪れるハイカーや国民が本当に望んでいることなのでしょうか。

ゴミの持ち帰り運動と昭和の負の遺産

かつては、多くのハイカーによりゴミが無造作に捨てられ続けていた尾瀬。景観を台無しにし、生態系まで破壊する膨大な廃棄物に対し、ゴミはゴミ箱に捨てるのではなく、各自で持ち帰ってもらうよう、根気よく訴え続けたボランティアたちがいました。

「ゴミを持って帰るように呼びかけよう」。この声かけ運動は「尾瀬の自然を守る会」結成集会での一人の女性の発案がきっかけでした。

尾瀬では1972年から1975年にかけて、すべてのゴミ箱撤去を開始します。尾瀬林業（現・東京パワーテクノロジー）が管理していたゴミ箱だけで、1400個以上という膨大な数です。「ゴミ持ち帰り運動」をハイカーに呼びかけた成果は、関係団体の努力により少しずつ浸透、実を結んでいきます。シーズン中には、一日でリヤカー数十台分のゴミが、ゴミ箱に入りきらず周辺に散乱、風に舞い周囲に飛散していました。山岳地帯での手作業によるゴミ収集は計り知れない労力が要り、また時間の無駄を生みます。

ゴミの散乱は生息する動植物にも大きな悪影響をおよぼしていました。タバコの投げ捨てに伴うニコチン毒素の池溏への流入は、水生動植物に致命傷を与え、弁当の食べ残しなど生ゴミの影響は、尾瀬には生息しないドブネズミの山小屋への侵入を許し、カラスの激増も生み出します。

尾瀬から始まったこの運動は、その他の国立公園でもゴミ問題を見直すきっかけとなり、各地域でも同様の運動として広がりを見せます。

根気よくゴミの持ち帰りや、湿原を大事にすることを訴え続けた効果として、意図的にゴミを捨てる人や、湿原を踏み荒らす入山者は、さすがにいなくなりました。

昭和の負の遺産

２００２年に、長蔵小屋の不法投棄が事件として明るみに出ますが、この事件の発端は、山小屋の元従業員による内部告発から始まります。元従業員は奥利根自然センター所長（当時）に自ら事情を打ち明け、所長は環境省に事実確認の上、公表に踏み切ったと新聞報道されています。


この告発が県警による現場捜索に結び付き、不法行為の実態が次々と明らかになっていきます。山小屋が湿原や山林にし尿のみならず、ガラスやビンなどを埋設する不法投棄を行い、環境省の職員らも共同で不法投棄を実行していた事実は、長蔵小屋裁判の中で判明しています。刑事処分を巡り立件された分だけでも約6.9トンの不法投棄事件であり、新聞各紙をはじめ国会の質疑応答の場でもこの問題は取り上げられました。電源開発問題、観光自動車道反対運動で先頭に立ってきた歴史ある山小屋の不祥事として耳目を集め大きな反響がありました。

２００４年2月、法人長蔵小屋に罰金、関係者二名に有罪判決が下ったことで事件としては一応の決着をみます。他にも、２００４年には見晴地区の二

いまだに残る不法投棄のゴミ(沼尻)。
撮影/2022年10月

ゴミの不法投棄現場(沼尻)。
撮影/2022年10月

つの山小屋で、廃棄物処理法が定める基準を満たさない簡易焼却炉を用いた、ゴミの焼却処分事件も発生し書類送検されています。

不法投棄物は山小屋が立地する尾瀬沼、見晴、温泉、山ノ鼻、沼尻など11ヶ所で確認され、2007年から山ノ鼻や沼尻はじめ尾瀬の各地区で、ボランティアの手を借りながら順次尾瀬外へのゴミの搬出作業が行われました。

沼尻地区だけで19トン(環境省文書)のゴミ空輸を実施。しかし2009年以降は、実質的に不法投棄のゴミ撤去処理は行われていません。2022年、完全撤去の宣言から15年近くが経過しましたが、豪雨により表層土壌が流され、地中奥深く埋めたゴミ(空き缶、ビンの破片、ビニール)などの廃棄物が地表に露呈、散乱しています。尾瀬の自然はよく守られていると言う人は多いですが、一歩裏に回れば特別保護地区という国宝級の箇所でさえ、この有様です。ただうまく人目に付かぬよう隠しているだけです。いまだに残る昭和の負の遺産は、尾瀬の恥部です。

尾瀬のニホンジカ対策の現状

　1980年代に入ると、全国的にニホンジカの爆発的増加により農業、林業、牧畜の被害が加速されてきました。シカはエサを求め亜高山帯や湿原まで入り込み始め、尾瀬においては1990年代前半より確認され、生態系への不可逆的な影響が懸念されてきました。

シカはどこから？

　尾瀬国立公園では2008年よりシカの行動を把握するため、GPS付き首輪によるシカ追跡調査を実施してきました。

　GPS追跡の調査データ解析により、日光（足尾方面、男体山方面）と尾瀬を季節ごとに往来することが解明されてきました。またシカの個体群が季節移動の際に、集中して「通過する箇所」も追跡データのトレースよりわかってきました。これらの分析結果を基に、2013年より尾瀬内および国立公園周辺において、銃器や足くくりワナ※を仕掛け効率的な捕獲作業が開始され、現在に至っています。

　シカは毎年3月から5月中旬にかけて、日光方面より約30㎞離れた尾瀬に群れでやってきます。また10月中旬から12月中旬には、尾瀬を出発して日光方面に戻る習性があります。季節移動の経路は国道401号線や丸沼周辺であることも把握されたので、さまざまな仕掛けのもとに捕獲を行い尾瀬のシ

※シカがワナを踏むと、ワイヤーにより足が締まる仕組み。

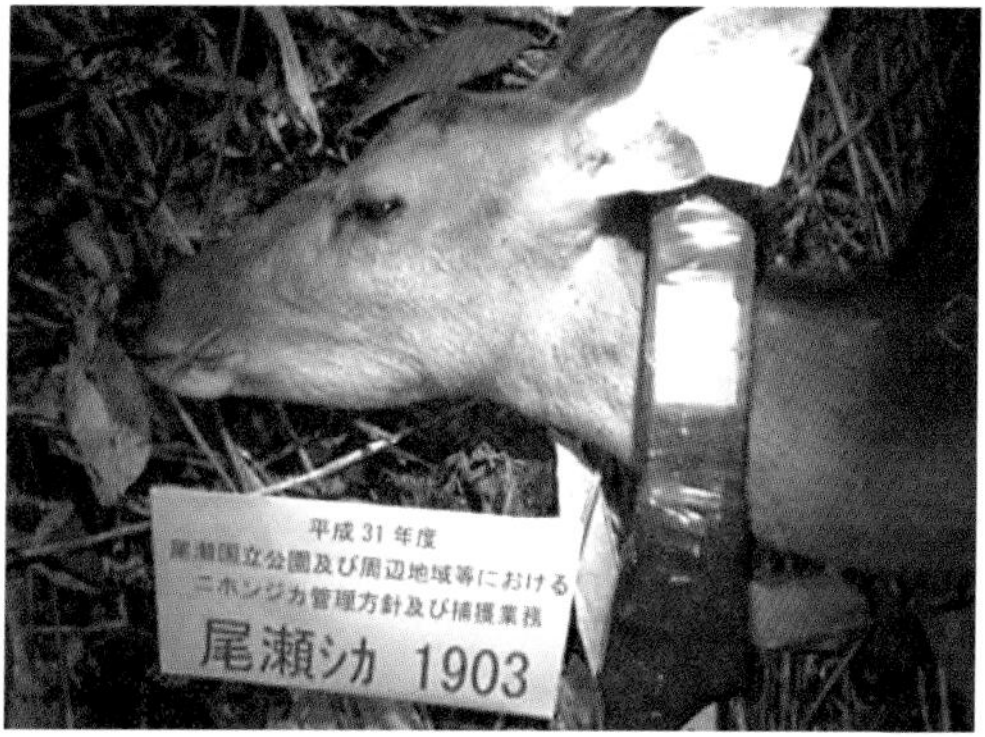

捕獲されたシカ（『平成31年度 尾瀬国立公園及び周辺地域等におけるニホンジカ管理方針検討及び捕獲業務報告書』より）。

カ害（食害やヌタ場形成）の減少に取り組んでいます。

シカが増えた理由

ニホンジカの寿命はオスが15～20才、メスはそれよりやや長寿。ニホンジカは積雪が1m以上になる豪雪地帯へは移動せず、積雪50～60㎝くらいが限度と言われていました。冬季には寒さと餌不足による個体数の調整が行われていましたが、少雪や暖冬化により尾瀬にも入り込み始め、近頃は尾瀬で越冬するグループもいるとの話もあります。

江戸時代の屏風絵に、東京板橋でのシカ狩りの様子を描いたものがあるように、シカは森林の動物ではなく、林縁の動物です。人の増加に伴い山地に追われて、そこが今の生息地となっています。ニホンジカの天敵は、ニホンオオカミと人（狩猟）でしたが、オオカ

登山道のすぐ脇で草を食む（岩清水付近）。

ミは人の手で明治期に絶滅、シカにとって恐ろしいものは、狩猟（人）のみとなっています。

環境省およびニホンジカ対策広域協議会の目標

◎尾瀬における最終目標

尾瀬ヶ原・尾瀬沼や高山帯へのシカの影響を排除し、湿原及び高山植生への影響が見られない状態を維持する。

◎尾瀬における当面（5年間）の目標

湿原植生への影響を低減するため、指標に基づき尾瀬ヶ原等の湿原に出没するシカの個体数を概ね半減させる。

環境省、地方公共団体、尾瀬保護財団および専門家は、広域対策協議会（尾瀬・日光国立公園ニホンジカ対策広域協議会）を設置してシカ害に対応しています（尾瀬・日光国立公園ニホンジ

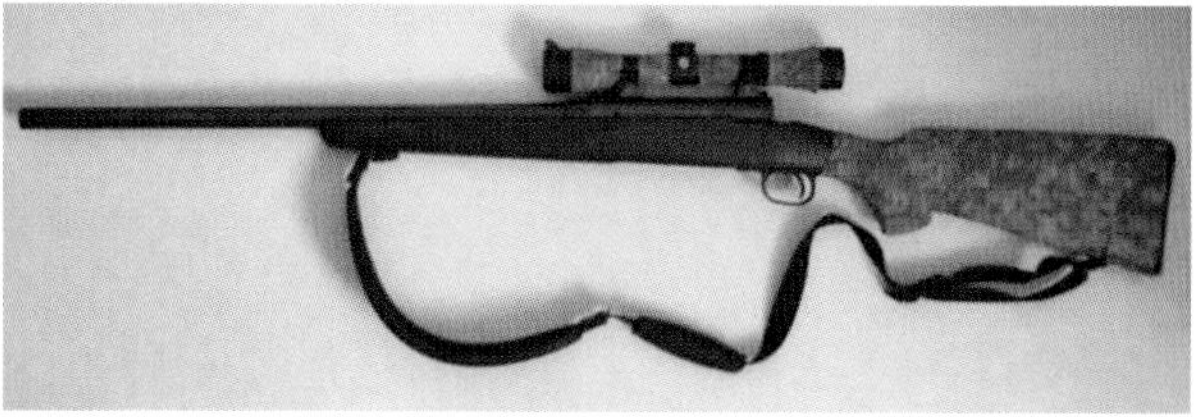

銃(Model 220 Slug Gun)。

足くくりワナ。

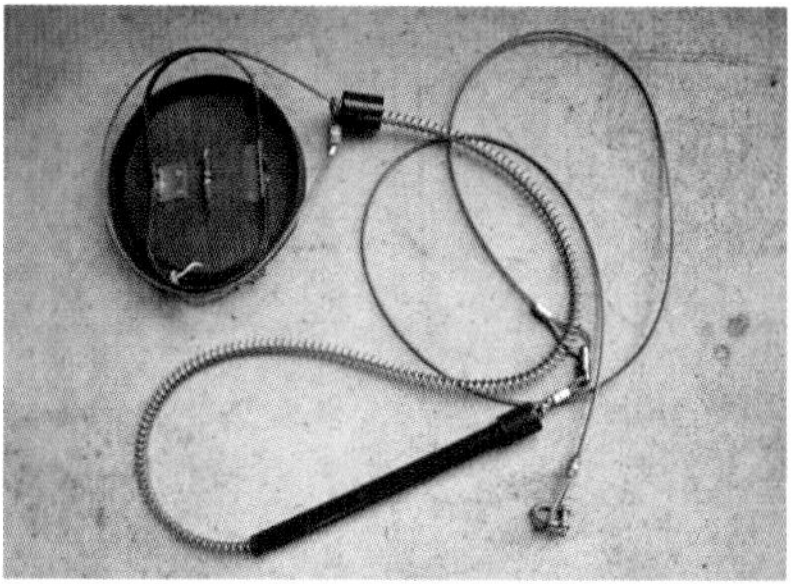

資料(『尾瀬国立公園シカ対策業務報告書』『ニホンジカ捕獲手法検討調査[平成25年度報告書]』)。

カ対策広域協議会[令和3年2月]資料より)。

シカ捕獲(2022年度)

2022年度における尾瀬国立公園内のシカ捕獲数は、過去最高の124頭でした。また季節移動経路上の群馬県丸沼や国道401号線周辺では、200頭以上の捕獲実績でした。

「シカ柵」拡張中

植生保護のために新たなシカ柵設置や拡張を行っています。大江湿原はほぼ全周を囲むように設置できましたが、尾瀬ヶ原では優先防除順位を決め設置および拡張を継続しています。これにより湿原内のシカ入り込みは減少傾向が出始めている一方、至仏山や燧ヶ岳山頂までシカ害が確認されています。

シカ生息密度は引き続き高い水準

今後のシカ柵計画では、見晴、燧ヶ

防護柵エリア(柵設置済み)	周長	面積
大江湿原	3710m	37.4ha
至仏山・雪田草原	1344m	0.4ha
尾瀬ヶ原　下の大堀川	890m	5.3ha
山ノ鼻　研究見本園	1690m	6.1ha
尾瀬ヶ原　竜宮	1803m	6.4ha
尾瀬ヶ原　ヨッピ川南岸	964m	3.5ha
御池田代	1093m	5.4ha
三条ノ滝周辺	40m×2	

防護柵エリア(柵設置予定)	周長	面積
尾瀬ヶ原・見晴	2047m	21.0ha
笠ヶ岳	1364m	4.6ha
燧ヶ岳・高山植生	30m×2	
田代山山頂	1983m	19.7ha
会津駒ヶ岳	9437m	23.7ha

岳、田代山山頂、帝釈山山麓、会津駒ヶ岳や笠ヶ岳などの優先防護エリアに防護柵の設置が検討され、この優先防護エリアは2025年までに設置完了を目指しています。

研究見本園は植生保護のため、ほぼ全周シカ柵ネットを設置。

新芽をシカに食害されたコバイケイソウ。

泥浴びをした跡(ヌタ場)。

このままでは尾瀬が過労死する

―尾瀬が抱える喫緊の課題―

コロナ禍のため2020~2022年の尾瀬の入山者数は、他の国立公園と同様に半減しました。しかし山積していた課題は相も変わらず残っています。この課題は過去のオーバーユースに端を発し大きく傷ついた自然破壊、生態系破壊につながっている問題です。たとえば登山道の拡幅や崩壊、外来植物の侵入、固有種の衰退、昭和の負の遺産と称されるゴミ不法投棄の未処理、植生復元、尾瀬沼の水質悪化などは未だ大きな課題として存在しています。これらは新たに発生した問題ではなく、1970年代より指摘されていながら、ほとんど解決がなされないいま、ここまで放置されてきたものばかりです。このまま次世代に「ツケ」を回そうとしているすべてが昭和の時代から続く「負の遺産」であり、これらの処理まで子どもや孫の世代に委ねる「環境負債」と言えるものです。このような、未処理の案件に加え、更なる大きな環境破壊が予想される事案が、環境省主導で行われようとしています。

尾瀬を含む日本の国立公園は、自然公園法により乱開発から守られています。自然公園法第1条(目的)には「……国民の保健、休養及び教化に資するとともに、生物の多様性の確保に寄与することを目的」と規定されています。

尾瀬 総入山者数1989-2022

環境省公表

入山者数/2020-2022年は
コロナ禍のため大幅に減少

年	総入山者数(人)
1989年	467900
1990年	505800
1991年	515000
1992年	539700
1993年	540200
1994年	542000
1995年	534100
1996年	647500
1997年	614300
1998年	455400
1999年	425400
2000年	428100
2001年	447700
2002年	409500
2003年	383900
2004年	341200
2005年	317500
2006年	341000
2007年	354500
2008年	381700
2009年	322800
2010年	347000
2011年	281300
2012年	324900
2013年	344200
2014年	315400
2015年	326100
2016年	291860
2017年	284390
2018年	269700
2019年	247700
2020年	106922
2021年	113795
2022年	163223

法に定められた「保護や保全」は果たして実効性が伴っているのか、鳥の眼になって俯瞰検証して見るとかなりの疑問点が浮かび上がります。あまたある課題のうち、①国立公園満喫プロジェクト、②至仏山保全対策の2つに絞り見ていきます。

①国立公園満喫プロジェクト

このプロジェクトの結果は、かつての昭和の時代と同様に国立公園の観光地化がより進展され、過剰観光が途方もない観光公害を生み、公園内の自然

蛇紋岩の赤茶色が目立つ至仏山山頂付近。

が不可逆的に破壊されて、環境が大きく毀損される恐れが増大することにつながります。2018年5月より開かれた環境省主催の「国立公園における宿舎事業のあり方に関する検討会」で、豊かな自然を目玉に外国人の長期滞在を呼び込むために、特別地域内でコンドホテル（分譲型ホテル）建設の方向性が決まりました。

分譲型ホテル建設

新たな環境省令は、自然環境の中で最も重要かつ傑出した自然である「特別保護地区」など特別地域内に、環境省の基準に合致すれば分譲型ホテルの建設を認めるという省令です（自然公園法施行規則［昭和32年厚生省令第41号］の一部を改正）。これは令和元年9月30日付で公布および施行されました。

認可の審査基準（「宿舎に関する国立

初夏の尾瀬ヶ原から至仏山を望む。山にも湿原にもまだ残雪が。

公園事業として分譲型ホテル等を認可等する際の審査基準の設定」）は、全国の地方環境事務所に対し自然環境局長より通知として発出されました。

環境政策の変更などは本来、自然環境保全法第13条に基づき「自然環境保全審議会」で学識経験者ら有識者が審議して提案するべきものです。しかし「国立公園満喫プロジェクト」は、外国人観光客誘致策のために作られた有識者会議8名（旅館経営者や旅行業者など）により、彼らのアドバイスのもと安倍晋三政権時に発動されました。この国立公園政策の転換から、貴重な生態系の破壊が全国規模で起こることは必至です。国立公園の持つ自然や希少性の価値は本来普遍的なものです。その時の政治的な都合で、変更できるものではなく、強い危機感を覚えます。

②至仏山の悲劇 ―その保全対策―

至仏山東面登山道の入口付近はうっそうとした針葉樹林帯ですが、高度が上がるに従い、雪田植生、湿原、風衝地、蛇紋岩地など脆弱な自然環境となります。特に、森林限界上部（1800mあたり）を抜けると、永年の利用による表土流失箇所や裸地が顕著となります。樹林帯にある登山道には植生保護や土壌流出防備のため「蛇かご」（金網に石を詰めたもの）が数多く敷かれ、土壌の安定化には一定の効果を保っていますが、その地点も徐々に周囲の土砂に埋もれつつある状態です。それだけ急こう配地の雪解け水や強雨の威力が激しいことを物語っています。

荒廃の始まり

昭和50年代から至仏山の集団登山が急速に増加します。特に小中学校修学旅行の集団が登山を試みました。都市部からは交通の便も良く、百名山として人気があるため週末になると多くのハイカーも訪れます。一般ハイカーを含め数百人単位による雪田群落入り込みの影響で、過剰な負荷が継続的に山腹に与えられ、瞬く間に急峻地にある土壌は踏み崩されて、オゼソウやユキワリソウが消えてしまいました。当時は登山道をはずれて好き勝手に歩き回っていた、と新聞報道されています。

至仏山は豪雪地域であり、雪は例年5～7m積もります。僅かな土壌は大量の雪解け水とともに流出し始めます。材木（角材や丸太など）で土留めの補強工事をするものの、土壌は植物の根による緊縛力で安定化しますが、植生の無い状態ではその機能は働かず融水の

小至仏山近くの階段型登山道。下山の際は、細心のご注意を。

力の前にはひとたまりもありませんでした。

10年間の登山道閉鎖

この惨状を見た環境庁は、尾瀬ヶ原と至仏山山頂を結ぶ東面登山道(2.5㎞)を保全のために閉鎖(1989年から8年間)する措置を講じました。登山道整備や植生復元のため、東京電力と群馬県は国庫補助を含め約4億円を投じて、登山道再整備、階段状の木道設置などが実施されるとともに、植生回復を中心とする保全対策が行われました。整備の終了とともに登山道閉鎖は解除されましたが、翌年以降、雪解け水による表土の流出が始まり、裸地化の面積が更に広がるという、全くお粗末な顛末が露呈しました。非合理な木道配置が土砂流出を加速させた、至仏山法面《のりめん》に与える影響調査に瑕疵があっ

至仏山の登山道。水路のように溝状に深く掘り下げられ1m以上になる箇所もあり、少しの雨で鉄砲水発生のリスクも。

たなど、整備工事後の評価は芳しいものではありませんでした。環境保護という当初の目的とは裏腹の結果を生むほど、ずさんな対症療法工事とも言われました。

蛇紋岩登山道の難かしさ

蛇紋岩が風化して造られる土壌は、水分を含むと泥濘状態になりやすく、大雨は地層の流動化をもたらすと聞きます。一度強雨があると登山道は「泥水の道」に変貌します。滝状の流水が、傷んだ登山道の土壌を更に掘り下げることになるのです。

ぬかるみの中の歩行は誰も好みませんが、雨天時に靴の汚れや水没を避ける登山者は、登山道脇の高山性植生がある箇所を歩くことになります。このような行為の積み重ねにより、至仏山では登山道脇に生息する高山植物の踏み付けや「登山道の拡幅」が多発しています。

蛇紋岩を基盤とする至仏山の森林限界を超えると植生は乏しくなり、樹木は矮性になります。これは蛇紋岩に含まれるマグネシウムの影響です。矮小な樹木から生まれる落枝落葉は相対的に少なく、なかなか土壌堆積が進みません。

瀕死状態の登山道

至仏山登山道の荒廃が一層顕著となり、事故の未然防止や絶滅危惧種保護のために、登山道改良の必要性が求められました。2007年より至仏山環境調査専門委員会（委員長／小泉武栄氏）が設置され、地質や植物相の専門家など9名による現地調査を基に、登山道迂回ルートなど具体的対策を10年以上にわたり検討、提言を行ってきました。

2015年3月に報告書で、東面登山道の至仏山山頂直下、オヤマ沢田代周辺、小至仏山南面の3区間は土壌侵食、植生荒廃が著しいため、迂回ルート案が発表されました(「至仏山登山道迂回案の妥当性検討報告書」は〔公財〕尾瀬自然保護財団HPに登録)。新しい登山道はいずれも、植生への影響が最小限になると見込めるそうです。筆者はこれらの科学的調査に基づいた「新工法による登山道計画」(案)と聞き関心と強い期待を持っていました。

しかしながら2020年7月の新聞による観測記事では、「関係者間の不協和音」「傾いた木道階段が応急補修される」などの文字が並び、「計画は頓挫」との内容でした。費用負担でなかなか前に進まないのか、はたまた地主の理解が得られないためなのか不明ですが、生物多様性国家戦略はどこに行ったのかという思いです。

無策と放置

不首尾と揶揄される階段状の登山道は一時しのぎ対策、土壌流出防止や植生保護の根本対策は宙に浮いた状態です。

人により重大かつ深刻な自然破壊を引き起こしているにもかかわらず、いまだに自然を傷つけながら、短期的な利益を追いかけているように見えます。情けない話ですが、尾瀬の貴重な自然を残すというより次世代に莫大な「環境負債」を残そうとしています。

尾瀬をレジャーランド化？
――リゾート栄えて山河窒息――

「このままでは尾瀬が過労死する」～尾瀬が抱える喫緊の課題～（P232）の中でご案内したように、国立公園政策の一つに「国立公園満喫プロジェクト」があり、政権が替わってもそのまま引き継がれ、着々と準備を継続しています。

尾瀬国立公園の地種は、開発規制の最も強い特別保護地区が四分の一であり全地域が特別地域です。また尾瀬の場合は文化財保護法により特別天然記念物に指定されています。法律上は国宝と特別天然記念物は同格です。人が創り上げたものを国宝や重要文化財と呼び、自然物は天然記念物と称されるという言葉の違いがあるにすぎません。

プロジェクトの拡散

国立公園満喫プロジェクトはインバウンド誘致を目的とした政策です。保護が前提である特別地域にまで、工作物設置を認めるという行政の裁量権を行使した規制緩和は、自然公園法の趣旨を蔑ろにするものです。

このプロジェクトの発足により、国

秋の尾瀬沼と燧ヶ岳。無風の湖面に「逆さ燧」が映っている。

立公園を擁するさまざまな県行政の動きが加速化されました。

例えば、富山県では「(立山黒部)世界ブランド化推進会議」が設置され、3つのロープウェー新設（「立山〜弥陀ヶ原」、「黒部峡谷」、「立山カルデラ」）を含む28のプロジェクト案が公表されました。地元の環境保護団体は〝ラムサール条約登録湿地および特別保護地区に近接しており、その景観を大きく改変してしまうばかりか、条約登録の条件に反するものとして登録取り消しの可能性を孕んでいる〟として反対運動を起こしています。また山梨県では、有料道の富士スバルライン上の鉄道敷設である「富士山登山鉄道計画」を公表、これに対し「富士山世界文化遺産学術委員会」から、〝世界遺産の顕著な普遍的価値に影響を及ぼす恐れのある開発

尾瀬沼の湖面を優雅に滑るオオバンの群れ。尾瀬沼は渡り鳥や希少動物の宝庫だ。

行為〟と厳しい批判が出ています。

一方尾瀬では、国立公園協議会（2023年1月Web開催）で、「利用アクションプラン」の公表がありました。鳩待山荘の全面建て替え（2023年度）や、富士見小屋跡地のキャンプ場化などが披露されていますが、インバウンド対応の促進、訪日外国人旅行者誘客による地域経済の活性化などの文字が並びます。中には山小屋のグルメ料理プランも報告されています。

近年の国立公園政策は中央環境審議会の「自然公園の利用のあり方」の答申に見られる様に、観光的利用を重視する傾向を強めていますが、他方では生物多様性は時代を映すキーワードであり、国立公園の自然保護の役割が大きくなっていることも事実です。

利用企画官の配属

環境省は正規職員（国立公園利用企画官）として、地元ガイドやホテルディベロッパーの民間経験者を中心に新規職員を採用し、全国の地方環境事務所に配属しました。環境省HPには〝国立公園満喫プロジェクト等に関する業務のうち、外国人観光客を含む公園利用者を増加させるとともに利用環境を向上させるため〟と記載されています。また前述のように、同省は全国の国立公園特別地域に、分譲型ホテル建設が可能となる「環境省令」を発出するとともに、国立公園の中で自然体験アクティビティ（キャンプやカヌーなど）や、野生動物観光を充実させる法改正まで行いました。

奥会津森林生態系保護地域

林野庁は国有林の保護・管理を目的として森林生態系保護地域を設定しています。国内の森林帯を代表する原生的な地域です。林野庁が指定する保護林の保存地区（コアエリア）は、「森林生態系の厳正な維持を図る部分については保存地区（コアエリア）に設定し、原則的に人の手を加えないこと」（林野庁HP）とされ、強い利用規制がかかる最上位の保護地域です。この指定森林は全国に31ヶ所。世界自然遺産で有名な白神山地、知床、屋久島などです。

尾瀬国立公園の燧ヶ岳、会津駒ヶ岳から福島県北部の浅草岳（只見町）にい

沼山峠展望台からはオオシラビソの森の頭越しに尾瀬沼が少し見える。

たる森林ゾーンは2007年、「奥会津森林生態系保護地域」に指定されました。尾瀬国立公園と部分的に重複するこの森林生態系保護地域は、世界自然遺産の白神ブナ林の5倍近くの広さです。国内どころか世界的に見ても重要な「自然度」が濃密な地域であり、その保存地区(コアエリア)の一角に尾瀬は立地しています。

江戸時代の山火事をきっかけに、かつて峠から沼が一望できましたが、その後オオシラビソ林の成長に伴い沼が見えにくくなりました。そこで観光に軸足を置く地元行政は、峠からの尾瀬沼の眺望確保のため、自然林の伐採(修景伐採)を主張しています。

リゾート栄えて山河窒息

危惧していたことが2021年10月下旬に起こり始めました。檜枝岐村よ

り申請のあった森林生態系保護地域のコアエリアにある針葉樹林伐採を〝環境省が認可〟という事実です。
実際に国有林を管理・保護する実務は、林野庁(会津森林管理署南会津支署)になります。環境省や地元の地方公共団体による「修景伐採」計画に対し、国内の環境保護団体が科学的な環境調査に基づく、反意の「提言書」を提出しました。林野庁は「提言書」に理解を示し、保護林伐採の実行は寸前のところで一旦止まった状態となっています。今後の動向に注視が必要です。
このように法や制度により保護されている特別保護地区や森林生態系保護地域が乱開発の危機に直面しています。この森林は国民の水の供給源である水源涵養保安林(森林法)でもあり、また「緑の回廊」といわれる生きものたちの聖地です。林野庁は村と同意の上で保存地区に指定し、またこの一帯は特別天然記念物です。森林伐採の認可を出した環境省の判断は森林法、自然公園法、文化財保護法など各法の趣旨と全く整合性がとれません。
かつて落雷により焼けた樹木はその後自然再生、現在は回復途上と聞きます。尾瀬の災難とも言える「ダム化」や「観光道路建設」に次ぐ第三の災難と言える「尾瀬のレジャーランド化構想」は徐々に着実に進んでいます。

尾瀬の外来植物相

—外来種は人為的に導入された—

第4次尾瀬総合学術調査では、2017年〜2021年まで動植物の基礎調査をはじめ、池溏の研究、シカ害の影響調査など約70名の研究者により大規模な調査が行われました。

尾瀬総合学術調査の中間報告会より

◆尾瀬の外来植物広がる　第4次学術調査で「在来種絶滅の恐れ」

右記は、2018年1月11日付け全国紙の表題です。学術調査団の中間報告会において、学術調査の研究者より尾瀬の特別保護地区内に、ヨーロッパ原産の多年草「コテングクワガタ」など、外来植物が広がっていることが発表されました。

コテングクワガタは全ての山小屋周辺で生育が確認され、その株数は在来種であるテングクワガタの10倍以上あり、一部では二つの種が交雑していたそうです。「山小屋への物資や工事用資材搬送の際に運び込まれた可能性が高い」と指摘され、学術調査団は「外来種と混じり合うことで、在来の純粋種が絶滅する恐れがある」という驚きの報告をしました。また、大清水(片品村)と御池(檜枝岐村)にある物資の空輪用ヘリコプター基地には、コテングクワガタ群落があり、ロープなどに付着、そして特別保護地区内に持ち込まれた可能性を指摘しています。なお尾瀬の在来種であるテングクワガタは、福島／群馬両県指定の絶滅危惧IBランクの

すべての山小屋周辺で確認された外来種・コテングクワガタ（欧州産）。

希少植物です。

◆尾瀬沼にショウブ　学術調査中間報告「里の植物多数確認」

右記は2019年1月12日付けの新聞記事タイトルです。学術調査団の研究者による中間報告で、尾瀬沼のほか、大江湿原でショウブやガマなど里の植物を多数確認。また尾瀬全域の山小屋周辺でコテングクワガタが確認されているのに加えて、至仏山山頂でセイヨウタンポポも発見され、「外来種が着実に根付いている」との会見をしています。

私たちの外来種モニタリング

NPO法人尾瀬自然保護ネットワークでは、鳩待峠や山ノ鼻、見晴で外来植物のモニタリングを毎年行い、データ収集しています。尾瀬の山小屋周辺は外来植物や平地性の植物が極めて多

代表的な尾瀬の外来種(海外産)

種名	科	原産地	環境省生態系被害防止外来種	第4次尾瀬総合学術調査報告書コメント
オランダガラシ	アブラナ科	欧州	重点対策外来種	沈水植物・抽水植物のオランダガラシも、水温が低く水質の良い水域でも繁茂するため尾瀬の生態系への悪影響が懸念される。オランダガラシはこれまでに尾瀬ヶ原の下田代、赤田代などで確認されており、現在も竜宮周辺で繁茂が見られる。
エゾノギシギシ	タデ科	欧州	総合対策外来種	尾瀬沼東畔、見晴
セイヨウタンポポ	キク科	欧州	重点対策外来種	尾瀬ヶ原(ヨッピ橋)、山ノ鼻、景鶴山麓、至仏山 移入種、国外外来種、山小屋周辺のみならず近年は河畔や林内・山岳域の攪乱地でも記録されている。
コカナダモ	トチカガミ科	北米	重点対策外来種	尾瀬沼 国外外来種、尾瀬沼に侵入
フランスギク	キク科	欧州	総合対策外来種(その他)	富士見峠　山小屋周辺への移入種
オニウシノケグサ	イネ科	欧州	産業管理外来種	見晴 山小屋周辺への移入種、国外外来種
ムシトリナデシコ	ナデシコ科	欧州	総合対策外来種(その他)	山ノ鼻　山小屋周辺への国外外来種
コテングクワガタ	オオバコ科	欧州	なし	尾瀬沼東畔、三平下、見晴、竜宮、東電小屋、温泉地区、山ノ鼻、鳩待峠、山小屋周辺。近年急速にテングクワガタの生育地に侵入し、またテングクワガタとの中間的な形態をもつ個体も確認されている。

※総合対策外来種	生態系等への被害をおよぼしているまたはその恐れがあるため、防除、遺棄・導入・逸出防止等のための普及啓発など総合的に対策が必要。
※重点対策外来種	甚大な被害が予想されるため、対策の必要性が高い。

「尾瀬産維管束植物相とその再検討」(「低温科学第80巻」. 2022)を参照の上、作成。

湿原に繁茂するオランダガラシ。
山小屋の食材が、湿原を苦しめている(6月上旬)。

く繁茂し、特に鳩待峠、山ノ鼻、見晴地区は「外来植物の見本園」と化しています。外来植物と確認できても特別保護地区内のため、その場で抜き取りや伐根することもできず実に歯がゆい思いです。右ページの外来種データは、第4次尾瀬総合学術調査報告書(2022年)より抜粋および編集しています。

オランダガラシ(クレソン)は湿原の隅々まで

オランダガラシは、その名のように欧州原産の外来植物であり、環境省では生態系被害防止の観点から甚大な被害が想定されるため、重点対策外来種に指定しています。

1950年第1次尾瀬総合学術調査以降に、山小屋が宿泊者用の食材(サラダや付け合わせ)として持ち込んだも

外来種・ハルザキヤマガラシ。

外来種・セイヨウタンポポ。

のが逸出したと言われています。第4次尾瀬総合学術調査報告書では外来植物侵入に対し、対応策を急ぐよう警告がなされていますが、もう手の施しようがないほど、尾瀬の湿原奥深くまで侵入を許し、拡散かつ群生化している有様です。

環境省は「特別保護地区」において、除去など実効性を伴う外来種対策をほとんど行っていません。湿原の奥深くまで侵入を許したオランダガラシは、尾瀬の上田代、中田代、下田代、赤田代や白砂湿原、御池田代など多くの湿原で確認され、大変な勢いで繁殖、拡散しています。「尾瀬地域の植物相」（吉井広始ら／尾瀬の自然保護〝30年間の取り組み〟群馬県：２００８：）によれば、オランダガラシ繁茂は在来種のリュウキンカと「生育立地」が同様であるため在来種への影響まで懸念されています。

外来植物の危険性

外来種はヒメジョオン（キク科／北米産）、カモガヤ（イネ科／欧州産）、コテングクワガタ（オオバコ科／欧州産）、オランダガラシ（アブラナ科／欧州産）、シロツメクサ（マメ科／欧州産）、尾瀬沼のコカナダモ（トチカガミ科／北米産）など30種を超えています。

平地性の移入種もショウブ、ドクダミ、ミツバ、コウゾリナなど多数（30種以上）確認されています。

このように学術調査の専門家が、（国内）平地性の移入種のみならず、海外原産の外来種による尾瀬内の繁殖を確認し、強い警鐘を鳴らしています。

（参考文献）「尾瀬産維管束植物相とその再検討」（「低温科学第80巻」，2022.）北海道大学低温科学研究所編

第4次尾瀬総合学術調査報告書『尾瀬産維管束植物相とその再検討』（2022）は、25種類の帰化植物を紹介し、そのうちの半数13種を「侵略的外来植物」と指摘しています。また最も尾瀬の生態系に悪影響を与えていると考えられている沈水植物のコカナダモ、および沈水植物・抽水植物のオランダガラシの2種については、「計画的・組織的な駆除活動や、生態系への影響の軽減策の実施が望まれる」と駆除について言及しています。

在来希少種との交雑が心配される欧州原産のコテングクワガタについては、「集団遺伝学的研究などによる早急な現状の把握と、もし交雑が生じている場合は対策が求められる」と強く指摘しています。

尾瀬アカデミー2023開講

―尾瀬インタープリター養成講座―

主催：NPO法人尾瀬自然保護ネットワーク

NPO法人尾瀬自然保護ネットワークは、尾瀬で自然保護活動を行っているボランティア団体です。自然環境・景観の維持保全を図り、自然と人間が共存できる豊かな社会の実現に寄与することを目的に1997年3月に設立されました。現在会員は130名です。

啓発活動として、尾瀬を訪れるハイカー向けに入山サポート、自然解説、御池～沼山峠間バス添乗解説、また調査活動として、外来植物、高山植物や野鳥調査などを行っています。

当会は「尾瀬の自然を後世に伝えよう」をキャッチフレーズとして、活動を通じて尾瀬の自然環境保護に資する普及や啓発に取り組んでいます。

現在、保護活動をともに行っていただく「尾瀬インタープリター養成講座」受講者を募集しています。「尾瀬インタープリター養成講座」は毎年6月上旬に開催します（募集は5月中旬）。

詳細は尾瀬自然保護ネットワーク・HPの募集要項をご覧ください。

NPO法人 尾瀬自然保護ネットワーク
(oze-net.com)

尾瀬アカデミー研修風景。上田代にて。

尾瀬アカデミー研修風景。沼尻にて。

主要参考文献

武田久吉.「尾瀬と鬼怒沼」. 平凡社. 1996.

朝日新聞前橋支局編.「はるかな尾瀬」. 実業之日本社. 1975.

(財)尾瀬保護財団.「尾瀬自然観察ガイド」. 山と溪谷社. 2002.

猪狩貴史編著. (財)尾瀬保護財団監修.「尾瀬自然観察手帳」. JTB パブリッシング. 2008.

木村英昭・足立朋子.「国立公園は誰のものールポ新尾瀬を歩く」. 彩流社. 2010.

後藤 允.「尾瀬ー山小屋三代の記」. 岩波新書. 1984.

小泉武栄.「自然を読み解く山歩き」. JTB パブリッシング. 2007.

阪口 豊.「尾瀬ヶ原の自然史ー景観の秘密をさぐる」. 中公新書. 1989.

尾瀬の自然を守る会監修：河内輝明編.「尾瀬自然ハンドブック」. 自由国民社. 1993.

尾瀬の自然を守る会編著.「尾瀬を守るー自然保護運動25年の歩み」. 上毛新聞社. 1997.

菊地慶四郎・須藤志成幸.「永遠の尾瀬ー自然とその保護ー」. 上毛新聞社. 1991.

加藤久晴.「尾瀬は病んでいる」. 大月書店. 1987.

平野長靖.「尾瀬に死す」. 社会思想社. 1995.

髙田研一. 東京電力株式会社監修.「尾瀬の森を知るナチュラリスト講座」. 山と溪谷社. 2006.

小泉武栄.「日本の山と高山植物」. 平凡社新書. 2009.

福嶋 司.「森の不思議　森のしくみ」. 家の光協会. 2006.

西口親雄.「森林インストラクター」. 八坂書房. 2001.

西口親雄.「アマチュア森林学のすすめ」. 八坂書房. 2003.

沼田 真.「自然保護という思想」. 岩波新書. 1994.

村串仁三郎.「自然保護と戦後日本の国立公園ー続『国立公園成立史の研究』」. 時潮社. 2011.

村串仁三郎.「国立公園成立史の研究ー開発と自然保護の確執を中心に」. 法政大学出版局. 2005.

菊地慶四郎.「尾瀬の気候」. 上毛新聞出版局. 2002.

大石武一.「尾瀬までの道　緑と軍縮を求めて」. サンケイ出版. 1982.

淺井康宏.「緑の侵入者たち　帰化植物の話」. 朝日選書474. 朝日新聞社. 1993.

渡辺一夫.「イタヤカエデはなぜ自ら幹を枯らすのか」. 築地書館. 2009.

井田撤治.「環境負債　次世代にこれ以上ツケを回さないために」. ちくまプリマー新書. 2012.

奥利根自然センター編.「令和の尾瀬へー守るべきものは何かー」. みやま文庫. 2021.

北海道大学低温科学研究所編. 低温科学第80巻.「高地・寒冷地生態系：尾瀬」. 2022.
(第4次尾瀬総合学術調査ー尾瀬の維管束植物目録の見直し2022).

尾瀬保護財団からのメッセージ

〜尾瀬に入山される皆さまへ〜

四季折々の美しい姿を私たちに見せてくれる尾瀬には、多くの人々が訪れ、しかも特定の時期・特定の入山口に利用が集中することによる自然への影響が心配されています。湿原を中心とした尾瀬の生態系は微妙なバランスで成り立っていて、人からの影響を受けやすい自然でもあります。尾瀬の貴重な自然を子供たちに伝えるためにも、また大自然のすばらしさに出会うためにも、余裕のある平日に訪れることをおすすめします。

また、尾瀬の自然のためには、一人ひとりが、湿原に入らないなどのマナーを守りながら自然と触れ合うことが大切です。是非、皆さまのご協力をお願いします。なお、尾瀬はそのやさしいイメージとは異なり標高の高い山岳地帯であり、遭難事故も起こります。十分な事前の学習や準備をお願いします。

尾瀬に関するご質問等は当財団までお気軽にお問い合わせください。

公益財団法人尾瀬保護財団
〒371-8570　群馬県前橋市大手町1-1-1
Tel.027-220-4431　Fax.027-220-4421
URL　https://www.oze-fnd.or.jp/

【尾瀬でのマナー】

湿原や森林内には立ち入らずに、木道や登山道を歩きましょう。
動植物を採取しないようにしましょう。落枝を杖にするのもやめましょう。
自分のゴミは家まで持ち帰り、気がついたゴミも拾いましょう。
野生生物を守るため、犬などのペットの持ち込みはやめましょう。
木道は右側通行です。また、木道ではたばこは吸わないようにしましょう。
たばこを吸う人は、必ず携帯灰皿を利用しましょう。

◎ 装丁・デザイン：新井達久（新井デザイン事務所）
◎ ロゴマーク デザイン：mogmog Inc.
◎ 写真協力　：株式会社アイノア、アマナイメージズ
◎ 地図作成　：ユニオンマップ
◎ 編集：楽田義秀（株式会社世界文化ブックス）
◎ 校正：株式会社円水社
◎ ＤＴＰ：株式会社明昌堂

モン・ブックス Mont Books

尾瀬 奇跡の大自然

発行日　2023年５月10日　初版第１刷発行

著者：大山昌克
発行者：竹間 勉
発行：株式会社世界文化ブックス
発行・発売：株式会社世界文化社
〒102-8195 東京都千代田区九段北4-2-29
電話 03（3262）5129（編集部）　03（3262）5115（販売部）
印刷・製本：凸版印刷株式会社

ISBN978-4-418-23210-9